U0051907

NATURAL CROCHET OF ECO ANDARIA

NATURAL CROCHET OF ECO ANDARIA

NATURAL CROCHET OF ECO ANDARIA

NATURAL CROCHET OF ECO ANDARIA

天然素材好安心

NATURAL CROCHET OF ECO ANDARIA

親子時尚的涼夏編織包&帽子小物

CONTENTS

HAT & CLOCHE Eco Andaria的帽子

BAG & POCHETTE　Eco Andaria的包包

本書作品使用Hamanaka手織線。線材與材料相關資訊，請見網頁介紹。

Hamanaka株式會社
京都本社　〒616-8585　京都市右京區花園薮ノ下町2番地之3
東京支店　〒103-0007　東京都中央區日本橋浜町1丁針11番10號
http://www.hamanaka.co.jp

開始編織前

準備材料

【線】※線材樣本照片為原寸大小。

Eco Andaria

以木材紙漿為原料的天然素材，Rayon 100%天然纖維的線材。清爽柔滑的手感易於編織，顏色亦豐富多樣。

Eco Andaria《Crochet》

Eco Andaria粗細減半的中細線材。具有適度的彈性與張力，能夠體驗鉤織細緻織片的樂趣。

Eco Andaria《Colorful》

Eco Andaria的段染類型。不規則的色彩變化，讓織片的風格更加豐富有趣。

【工具】

鉤針

鉤針的針號依粗細從2/0號至10/0號，數字愈大鉤針愈粗。「Hamanaka Ami Ami樂樂雙頭鉤針」兩側分別是不同針號的「鉤針頭」，只要準備一支就能使用兩種針號的鉤針，因此相當方便。

毛線針

比一般縫針粗，且針尖圓鈍的毛線用縫針。收拾線頭或是接縫提把時使用。

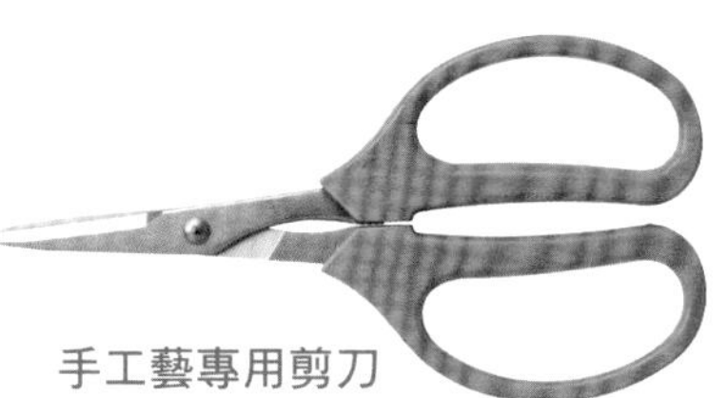

手工藝專用剪刀

剪線時使用。準備一把尖端細長，銳利好剪的手工藝剪刀吧！

記號圈

便於計算針數、段數，或是暫休針時作為標記使用的小工具。

防塵定型液
（H204 - 614）

作品以蒸氣熨斗整燙形狀，噴上此定型膠之後，不但能長時間維持外形，亦便於清理。

形狀保持材
（H204 - 593）

可以維持形狀的塑膠線材。編織帽簷等處時，作為芯線包入編織，即可自由塑造形狀。

熱收縮管
（H204 - 605）

連接形狀保持材或處理保持材線頭之用。

關於密度

所謂的密度，是表示「在一定的大小（10cm平方之類）範圍內，必須織入幾針、幾段」的標準。若密度不一致，即使依照織圖編織，最後完成的尺寸也不會一樣。以包包為例，就算尺寸稍有差異，也不至於出現太大問題。然而，若是帽子未依照相同尺寸編織，就可能無法戴上，因此請務必留意。請試著編織15cm平方的織片並測量密度，若實際密度與作法標示不同時，請依下列方法調整。

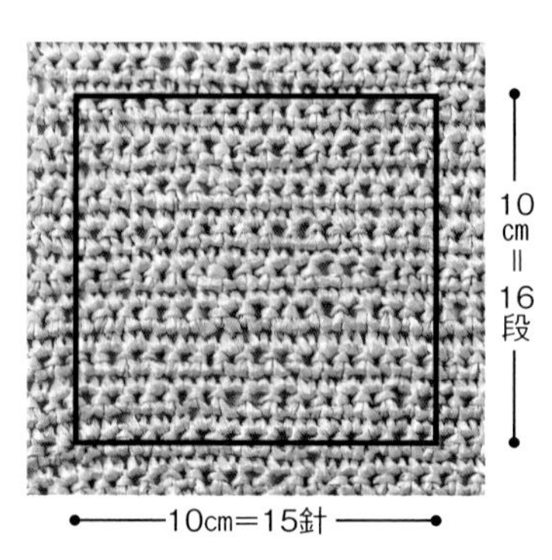

針數・段數多於標示數量的情況

由於編織力道較大，織得過於緊密，因此完成品會比示範作品小。不妨改以粗1～2號的鉤針來進行編織。

針數・段數少於標示數量的情況

由於編織力道較小，織得過於寬鬆，因此完成品會比示範作品大。不妨改以細1～2號的鉤針來進行編織。

Eco Andaria的帽子 HAT & CLOCHE

本書教作的成人帽尺寸為55～58cm，兒童帽則為51～53cm。
依據個人編織力道的鬆緊，完成尺寸的大小也會稍有不同。

※雖然可以使用市售的帽圍調整帶來微調尺寸，但也可能會因汗水或摩擦而導致脫落的情況發生。

LADIES HAT & CLOCHE

KIDS HAT & ACCESSORIES

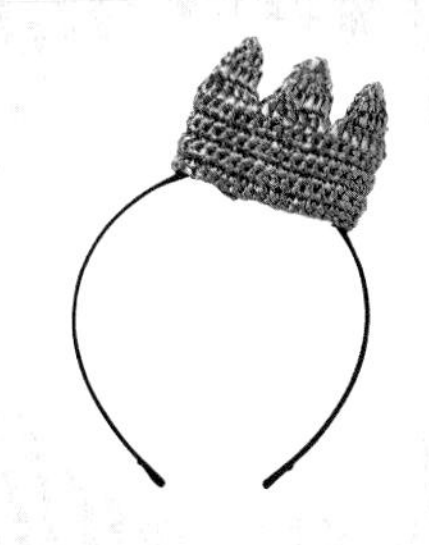

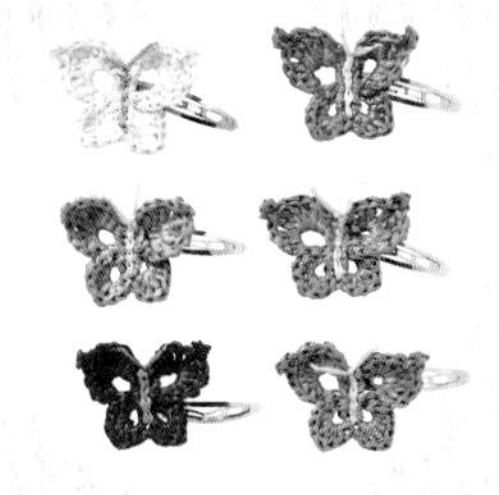

＊Lesson作品

短針麥稈帽

帽簷寬闊的麥稈帽，是夏季外出時的必備品。稍寬的帽簷能有效防禦陽光直曬。
造型簡單且容易鉤織，請初學者一定要試試看！

how to make … P.20
1. 成人款　2. 3. 兒童款
design … Hamanaka企劃
yarn … 1. 3. Hamanaka Eco Andaria
2. Hamanaka Eco Andaria《Colorful》

1.

2.

活潑亮眼的維他命色編織帽，
深受元氣寶寶的喜愛唷！

3.

點點條紋兒童帽

如孩子般純真可愛，粉紅色與藍色的童帽。
帽冠較深因此不易鬆脫，適合每天使用。與兄弟姊妹或朋友同款穿搭也不錯！

how to make … P.38
design … Ronique
yarn … Hamanaka Eco Andaria

小熊帽

立體編織的耳朵與吻部，再加上小巧的眼睛與鼻子圓形織片。
講究每處細節，完成了可愛的小熊臉蛋。
和最愛的熊熊在一起，出遊會變得更有趣吧！

how to make … P.39
design … 岡まり子
yarn … Hamanaka Eco Andaria

6.

*Lesson作品

刺繡費多拉帽

中性帥氣令人想要戴上的費多拉帽，以藍色系的刺繡帶來夏日裡的涼爽氣息。
帽頂中央的凹摺處是以蒸氣熨斗整燙塑型，因此織法比看起來還要簡單。

how to make … P.28
7. 兒童款　8. 成人款
design … 橋本真由子
yarn … Hamanaka Eco Andaria

8.
7.

皺褶繡花樣帽

在手織帽的引上針部分進行皺褶繡。
自然愜意的刺繡線條
帶出些許成熟的雅致風情，
是搭配任何裝扮皆宜的設計。

how to make … P.40
9. 成人款　10. 兒童款
design … 城戸珠美
yarn … Hamanaka Eco Andaria

9.

10.

11.

鏤空花樣鐘形帽

帶來纖細柔美鉤織花樣的
Eco Andaria《Crochet》帽子。
質地柔軟易於摺疊，因此
可放入包包裡隨身攜帶，相當方便。

how to make … P.44
design … Hamanaka企劃
yarn … Hamanaka Eco Andaria《Crochet》

12.

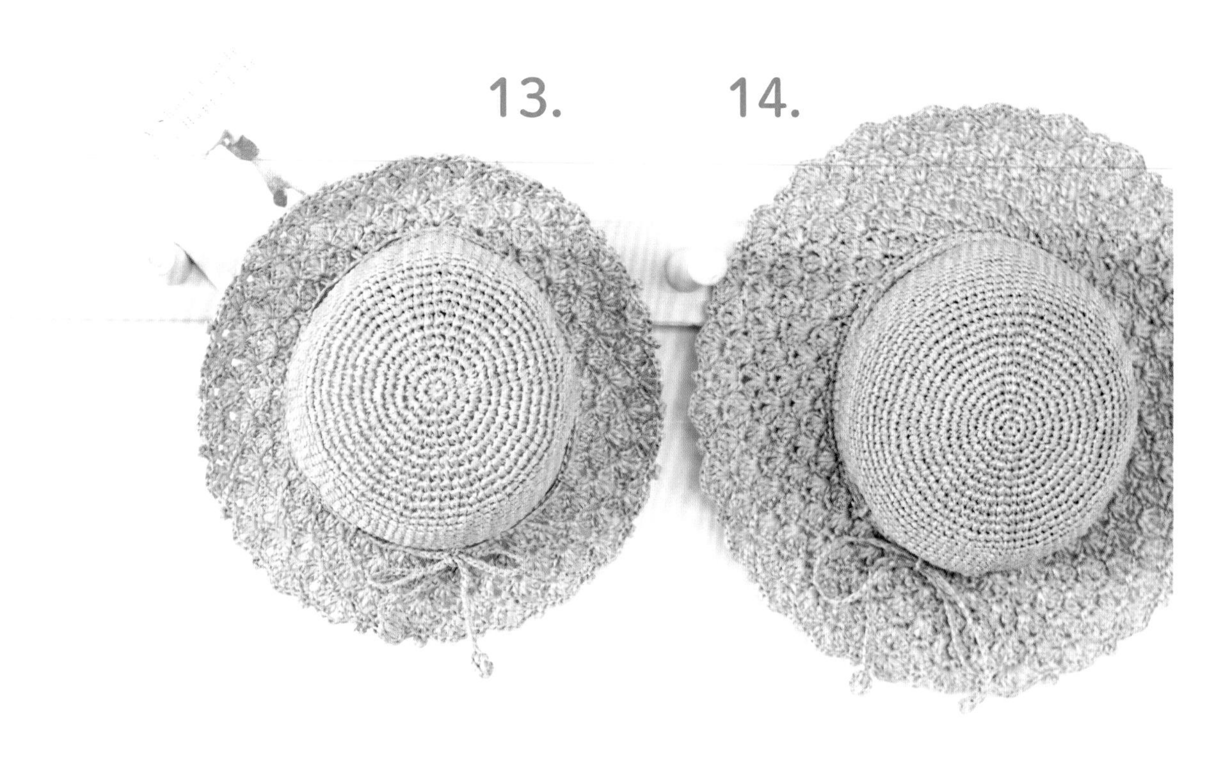

松編手織帽

美麗柔和的曲線沿著松編帽簷緩緩延伸，
展現出女性溫柔氣息的設計帽款。
同款的兒童帽十分適合洋裝等少女風的穿著。

how to make … P.46
13. 兒童款　14. 成人款
design … 橋本真由子
yarn … Hamanaka Eco Andaria

14.

＊Lesson作品

緞帶大簷帽

成人款是帽簷較深且針目緊密的設計。兒童款則是將帽簷往上捲起，避免遮住視線。
鉤織帽簷時加入了形狀保持材，因此能夠呈現漂亮的形狀。緞帶請挑選喜愛的顏色打出蝴蝶結即可。

how to make … P.34
15. 兒童款　16. 成人款
design … すぎやまとも
yarn … Hamanaka Eco Andaria

15.

16.

王冠髮箍

閃閃發亮的金色皇冠——肯定會成為眾人夢寐以求的人氣飾品。
就算是頑皮的小丫頭，戴上去也搖身一變宛如小公主。

how to make … P.43
design … すぎやまとも
yarn … Hamanaka Eco Andaria

17.

蝴蝶髮夾

無敵可愛的蝴蝶造型髮夾。
僅需少少線材即可迅速織好，
不妨多鉤一些，作為禮物送給朋友吧！

how to make … P.43
design … すぎやまとも
yarn … Hamanaka Eco Andaria

18.

＊Lesson作品

短針麥稈帽 …Photo P.6

●準備材料

線材 Hamanaka Eco Andaria（40g／球）

1.［成人款］駝色（23）130g

3.［兒童款］駝色（23）80g

Hamanaka Eco Andaria《Colorful》（40g／球）

2.［兒童款］紅色・綠色系的段染（226）80g

鉤針 Hamanaka Ami Ami樂樂雙頭鉤針5/0號

●密度 短針 17針20段＝10cm平方

●尺寸 1.［成人款］頭圍56cm 高18cm

2. 3.［兒童款］頭圍52cm 高15cm

●織法

取1條線編織。

繞線成圈作輪狀起針，織入8針短針。參照織圖，自第2段開始一邊加針一邊以短針鉤織帽頂、帽冠、帽簷。鎖針鉤織裝飾繩，兩端打單結，繞帽冠一圈在後方打上蝴蝶結即可。在帽冠最終段（1.為第17段，2. 3.為第13段）以同色線縫合兩處加以固定。

1. 成人款

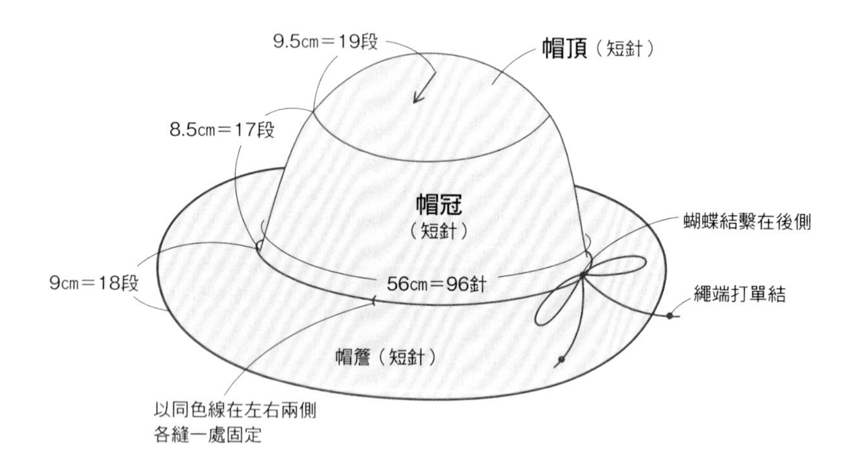

裝飾繩

1. 110cm＝鎖針約220針

2. 3. 105cm＝鎖針約210針

2. 3. 兒童款

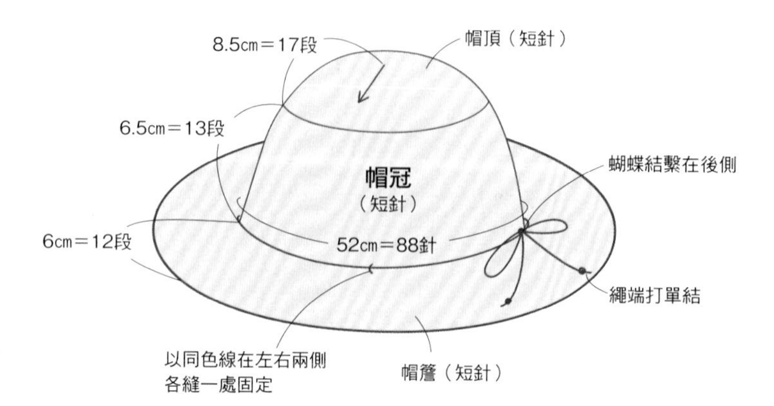

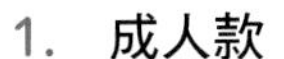

1. 成人款

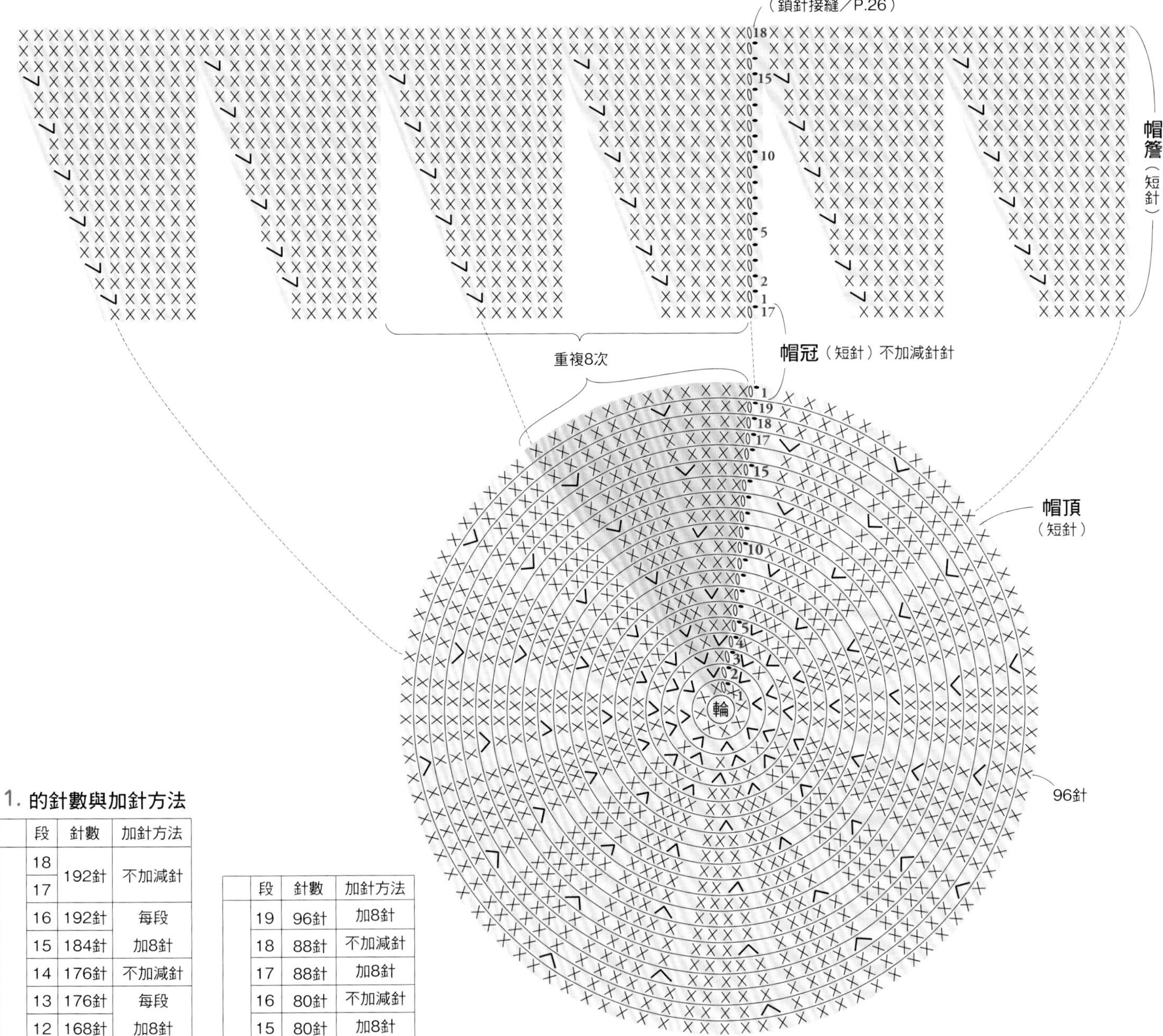

✓ = ⩗ 2短針加針

1. 的針數與加針方法

	段	針數	加針方法
帽簷	18	192針	不加減針
	17		
	16	192針	每段加8針
	15	184針	
	14	176針	不加減針
	13	176針	每段加8針
	12	168針	
	11	160針	不加減針
	10	160針	每段加8針
	9	152針	
	8	144針	不加減針
	7	144針	每段加8針
	6	136針	
	5	128針	不加減針
	4	128針	每段加8針
	3	120針	
	2	112針	
	1	104針	
帽冠	17〜1	96針	不加減針

	段	針數	加針方法
帽頂	19	96針	加8針
	18	88針	不加減針
	17	88針	加8針
	16	80針	不加減針
	15	80針	加8針
	14	72針	不加減針
	13	72針	加8針
	12	64針	不加減針
	11	64針	加8針
	10	56針	不加減針
	9	56針	加8針
	8	48針	不加減針
	7	48針	加8針
	6	40針	不加減針
	5	40針	每段加8針
	4	32針	
	3	24針	
	2	16針	
	1	織入8針	

2. 3. 兒童款

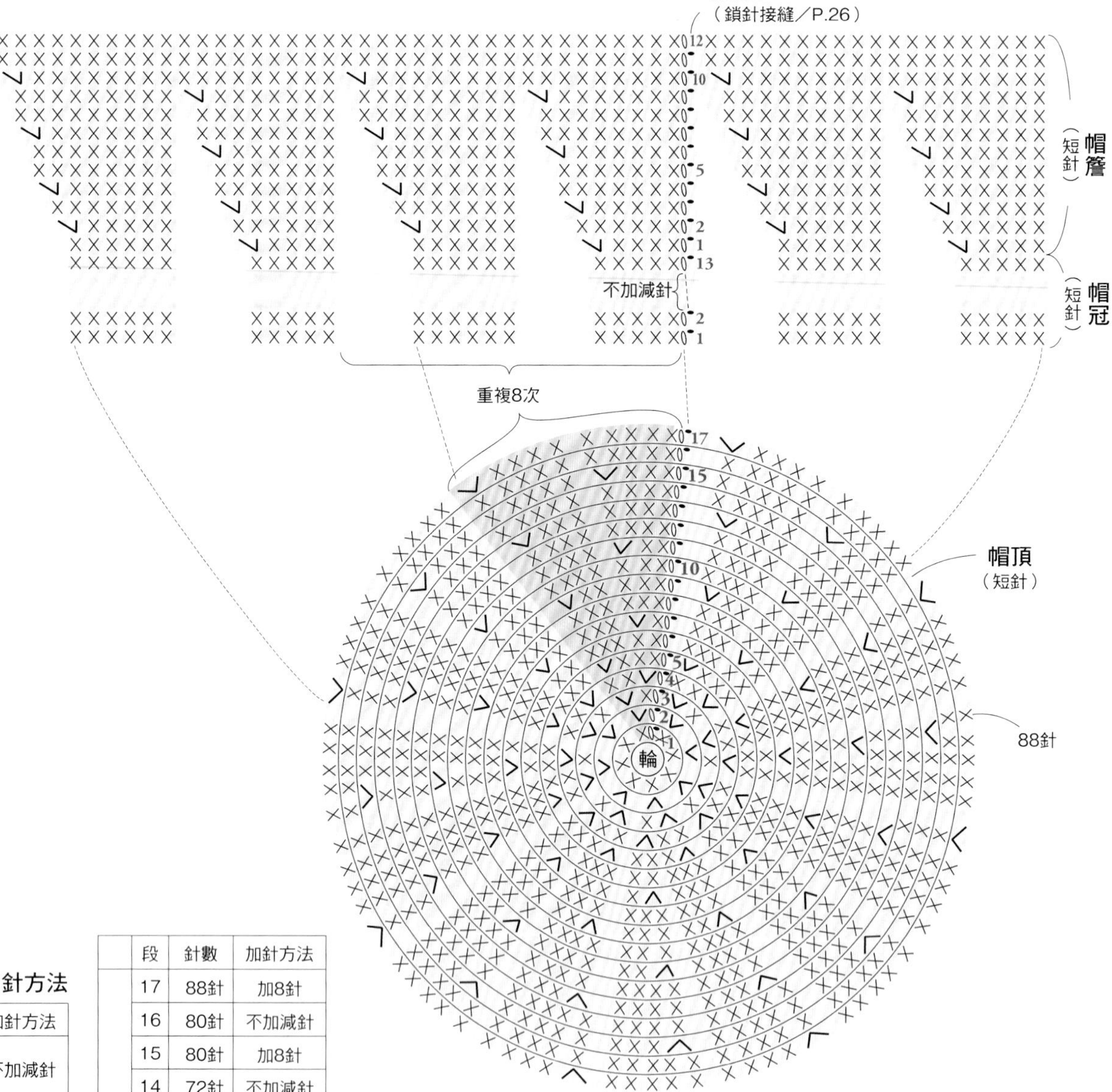

＝ 2短針加針

2. 3. 的針數與加針方法

	段	針數	加針方法
帽簷	12	152針	不加減針
	11		
	10	152針	每段加8針
	9	144針	
	8	136針	不加減針
	7	136針	每段加8針
	6	128針	
	5	120針	不加減針
	4	120針	每段加8針
	3	112針	
	2	104針	
	1	96針	
帽冠	13～1	88針	不加減針

	段	針數	加針方法
帽頂	17	88針	加8針
	16	80針	不加減針
	15	80針	加8針
	14	72針	不加減針
	13	72針	加8針
	12	64針	不加減針
	11	64針	加8針
	10	56針	不加減針
	9	56針	加8針
	8	48針	不加減針
	7	48針	加8針
	6	40針	不加減針
	5	40針	每段加8針
	4	32針	
	3	24針	
	2	16針	
	1	織入8針	

1. 2. 3. 短針麥稈帽的織法

以1.成人帽款進行解說。[ ] 內表示2. 3.兒童帽款的針數與段數。
為了更淺顯易懂，因此部分示範改以不同色線進行。

鉤織帽頂

❶ 由線球內側抽出織線（參照P.48）。

（繞線成圈的輪狀起針）

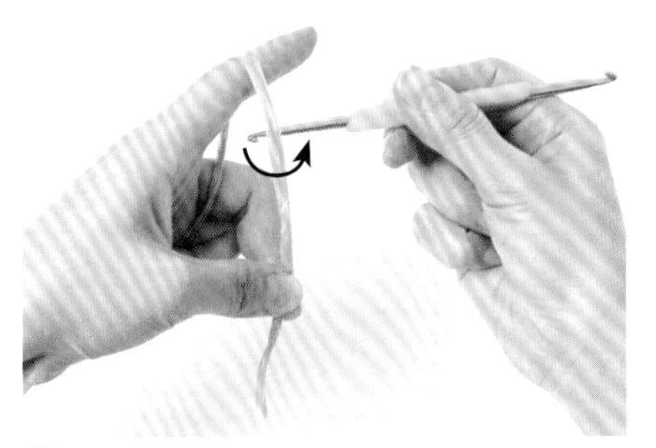

❷ 左手掛線，鉤針依箭頭指示旋轉，在針上掛線。

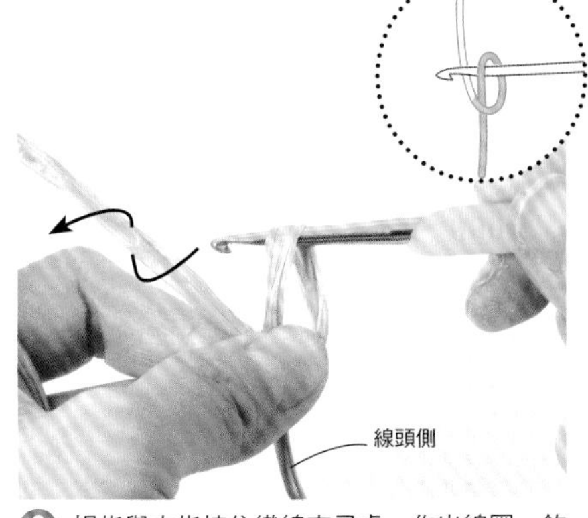

❸ 拇指與中指按住織線交叉處，作出線圈。鉤針依箭頭指示掛線。

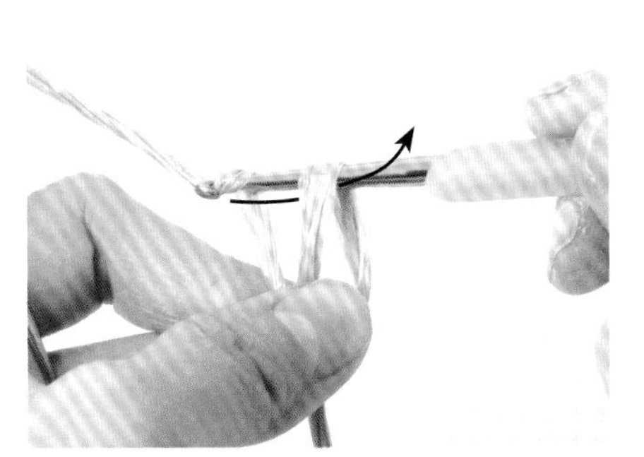

❹ 將掛在鉤針上的織線，鉤出線圈。

（鎖針） ○

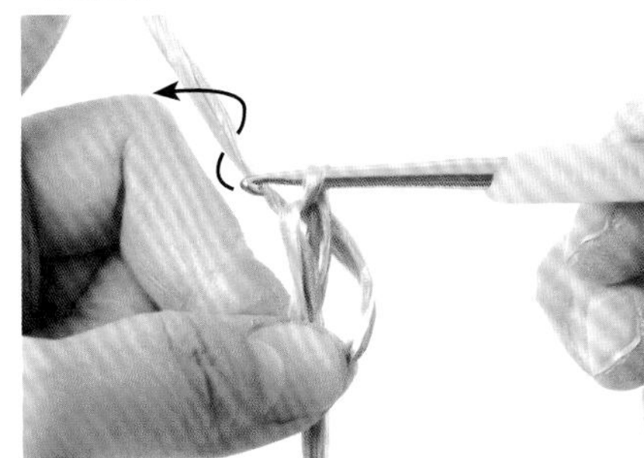

❺ 鉤織立起針的鎖針。依箭頭指示在針上掛線。

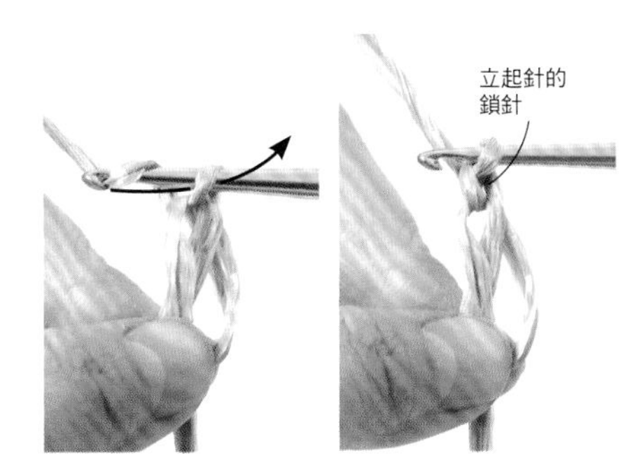

❻ 依箭頭指示鉤出織線，完成立起針的「鎖針」。

（短針） ×

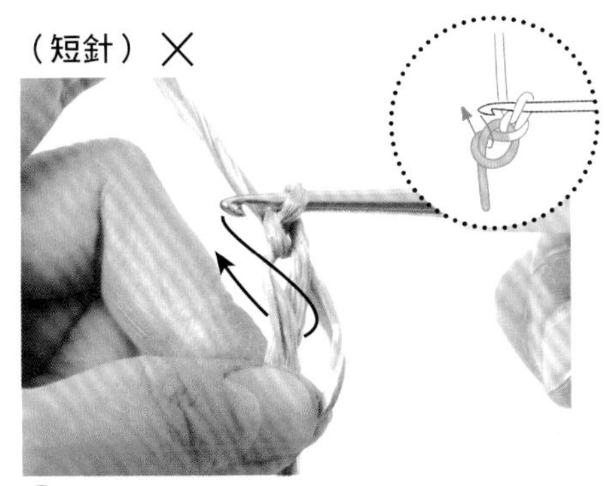

❼ 接著鉤織短針。鉤針穿入線圈中。

POINT*
連頭線頭一併包入編織。

❽ 鉤針掛線鉤出。

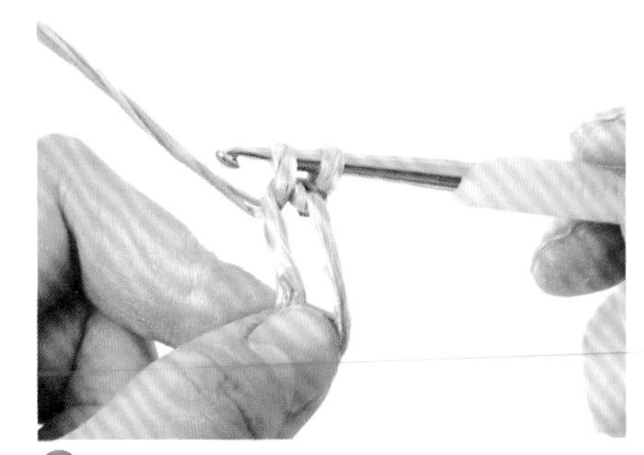

❾ 鉤出織線的模樣。

何謂立起針？

所謂的「立起針」，是在每段的編織起點架構出針目高度而鉤織的鎖針。鎖針針數會依據針目而有所不同。除了短針的立起針不算1針外，中長針或長針等針目，立起針的針目皆算作1針。

短針　1針

中長針　2針　1針

長針

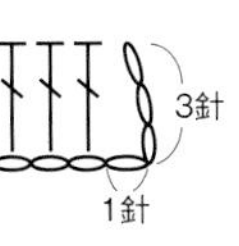

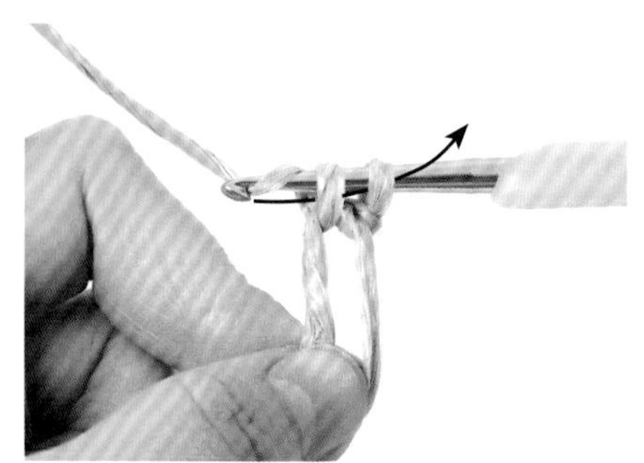

⑩ 鉤針掛線，一次引拔針上2個線圈。

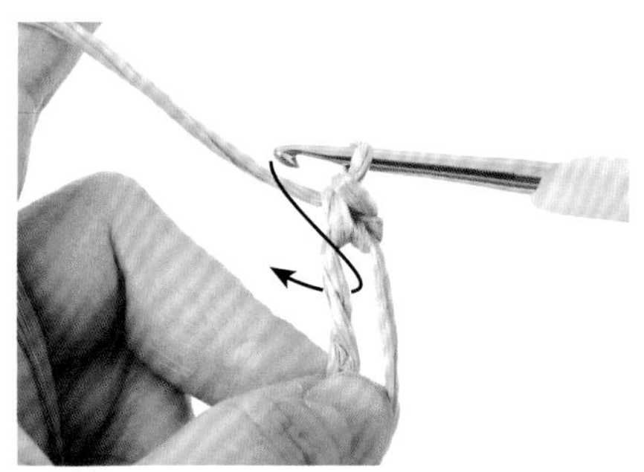

⑪ 完成1針「短針」。重複步驟❼至⑩，織入8針短針。

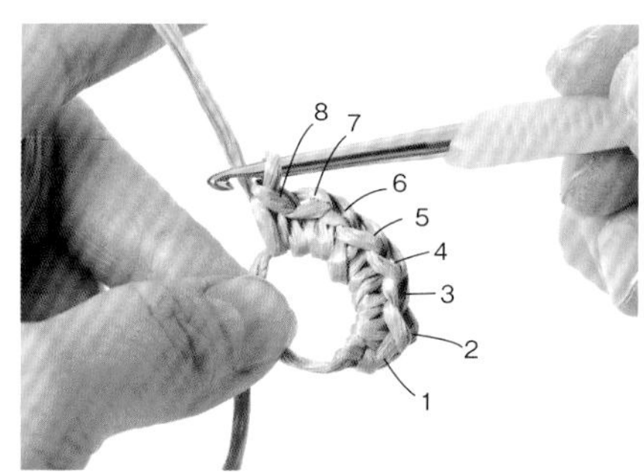

⑫ 織入8針的模樣。

POINT*
立起針的鎖針，不算作1針。

（引拔針）●

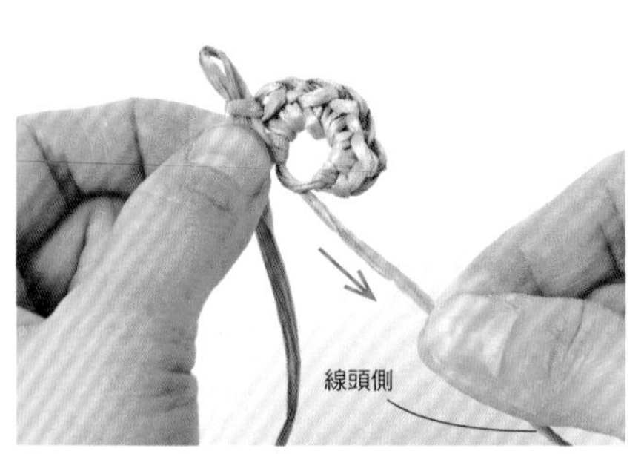

⑬ 暫時取下鉤針，拉線頭收緊中央的線圈。

⑭ 中央線圈收緊如圖示之後，重新將鉤針穿回針目中。

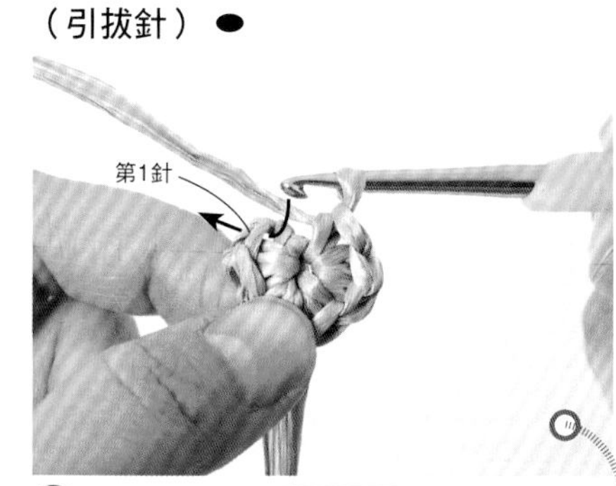

⑮ 鉤針穿入最初的短針針頭。

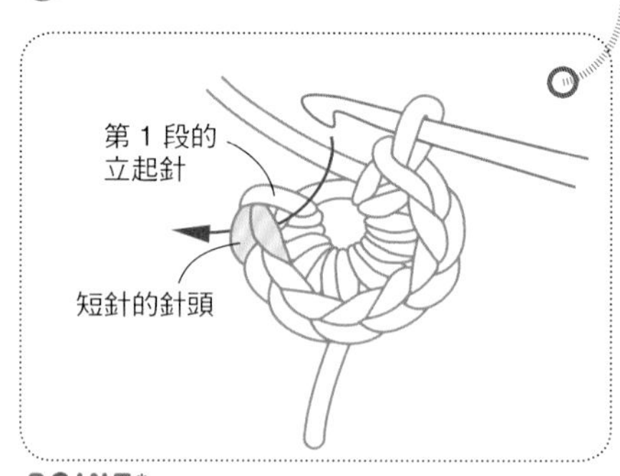

POINT*
鉤針穿入短針的針頭。請注意不要挑錯針，誤穿入立起針的針目！

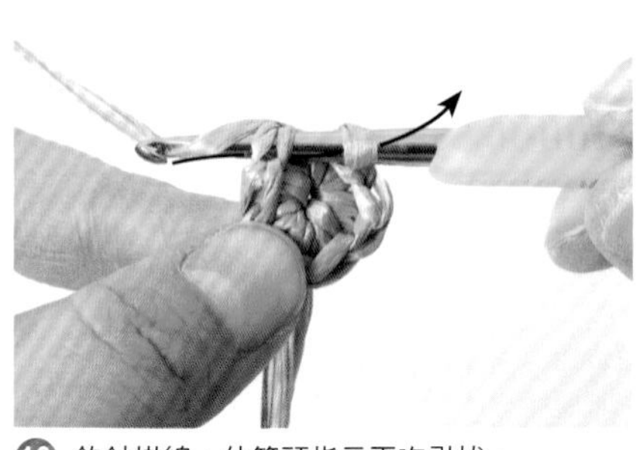

⑯ 鉤針掛線，依箭頭指示再次引拔。

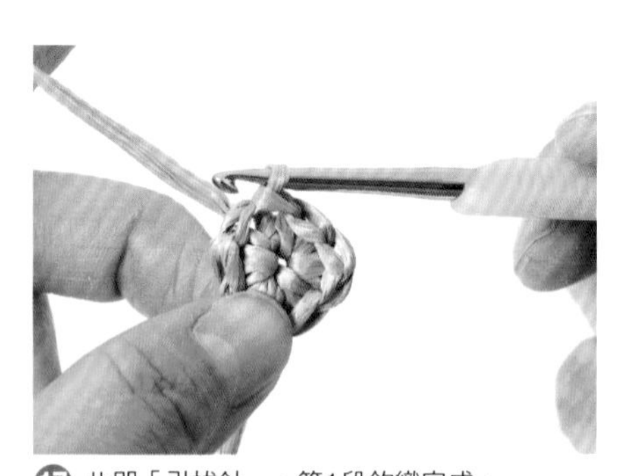

⑰ 此即「引拔針」。第1段鉤織完成。

何謂短針的針頭？

針目上方鎖針狀的部分稱為「針頭」，柱狀部分稱為「針腳」。
針腳有時亦稱為「針柱」。

短針

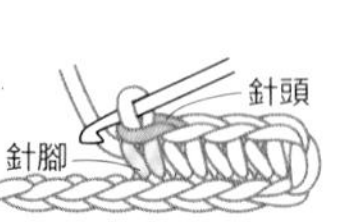

中長針

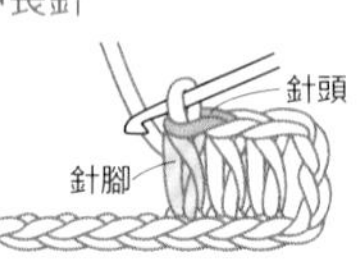

長針

針頭
針腳

第2段（2短針加針）

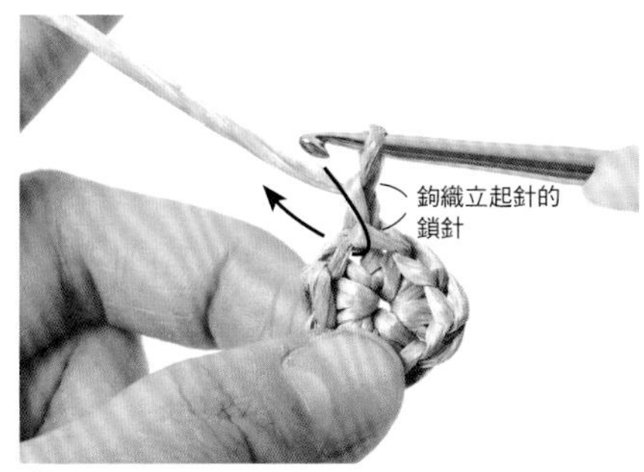

⑱ 鉤織立起針的鎖針（P.23步驟⑤、⑥），接著將鉤針穿入前段第1針的短針針頭（與步驟⑮同一處），鉤織短針。

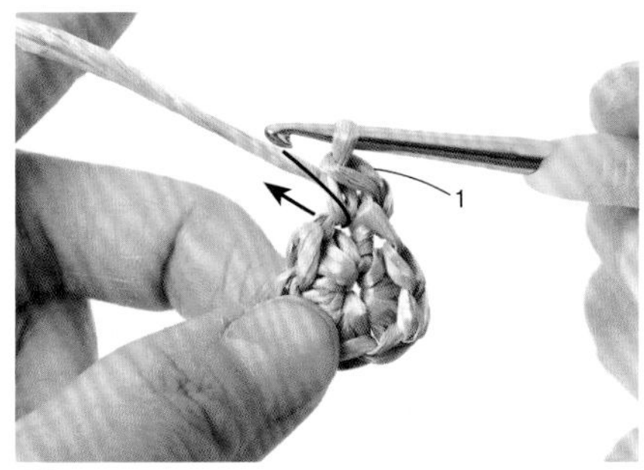

⑲ 完成1針短針。鉤針再次穿入同一處，鉤織另1針短針。

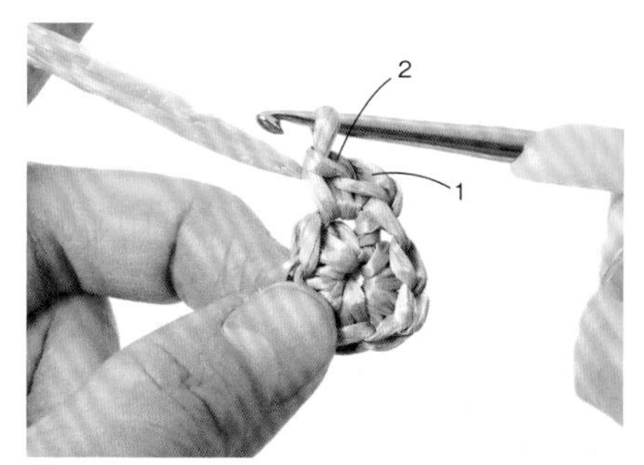

⑳ 完成的模樣，此即「2短針加針」。

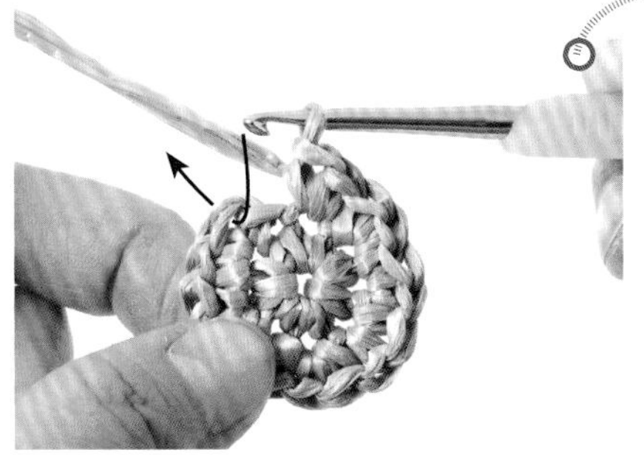

㉑ 第2段全部鉤織「2短針加針」。最後，鉤針穿入最初的短針針頭，鉤引拔針（P.24步驟⑮至⑰）。

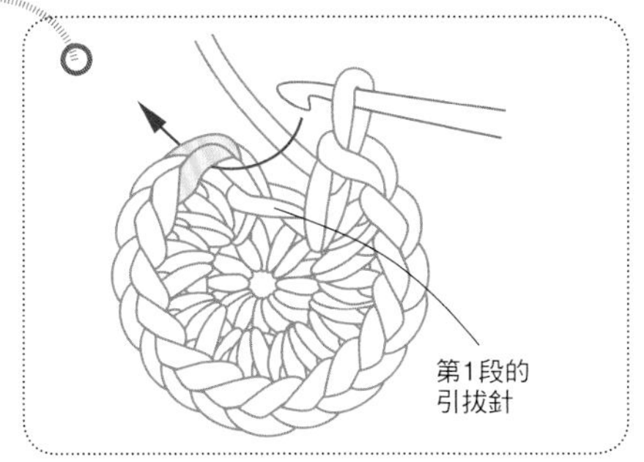

POINT*
請注意不要挑成第1段的引拔針。鉤針一旦挑錯穿入這裡，針數就會變得逐層增加了。

㉒ 第2段鉤織完成。

第3段

㉓ 鉤織第3段立起針的鎖針，接著鉤織短針。

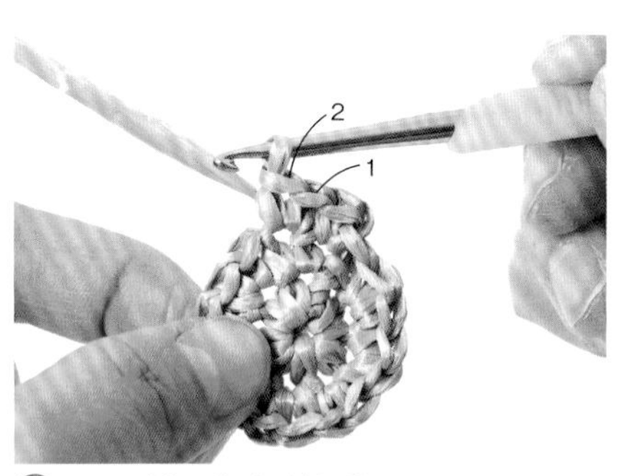

㉔ 下一針進行「2短針加針」。

㉕ 輪流鉤織1針短針與「2短針加針」重複8次，第3段鉤織完成。

第4段

㉖ 第4段，鉤完立起針的鎖針後，先鉤織「2短針加針」，再鉤2針短針。

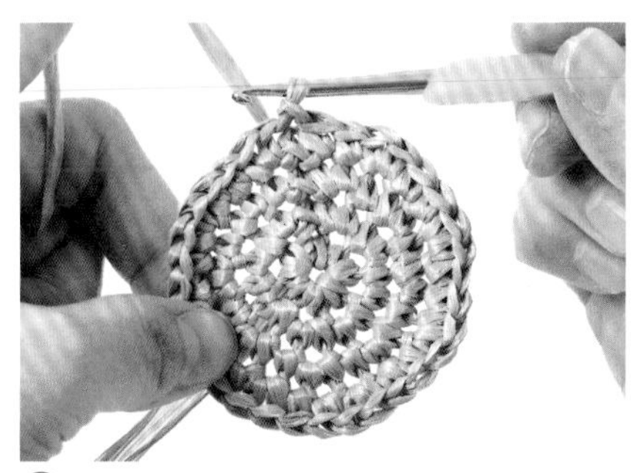

㉗ 步驟㉖重複8次，完成第4段。第5段以後，依織圖的指定位置一邊加針一邊鉤織。

㉘ 鉤織19段［17段］的模樣，帽頂完成，形成微微立體的碗狀。

POINT*
帽頂鉤織完成後，先以蒸汽熨斗整燙塑形一次（P.48），較容易進行接下來的鉤織。

鉤織帽冠

㉙ 不加減針鉤織17段［13段］的短針。

㉜ 第3段之後，依織圖的指定位置一邊加針一邊鉤織18段［12段］。完成帽簷。

鉤織帽簷

㉚ 帽簷第1段，鉤織11針短針後，再以「2短針加針」增加針數［先鉤4短針再加針，再鉤6短針］。此步驟重複8次。

㉛ 第2段，鉤織5短針後，以「2短針加針」增加針數，再鉤7短針［先鉤11短針再加針］。此步驟重複8次。

★ 建議！ ★★★★★★★★

此作品是為了盡可能簡單編織而設計的款式，但是，若是想增加帽簷的變化或硬挺度，推薦在鉤織時加入形狀保持材（參照P.36、P.37）。1.成人款從帽簷4段至18段包入保持材，2.3.兒童款則是從帽簷4段至12段包入保持材鉤織。

收針＆藏線

㉝ 織完最後一針時，取下鉤針，預留15㎝的線長後剪斷，從針目中拉出線頭。

（鎖針接縫）

㉞ 線頭穿入毛線針，挑起第1針的短針針頭。

㉟ 拉線，接著將縫針穿入最後的短針針頭中央。

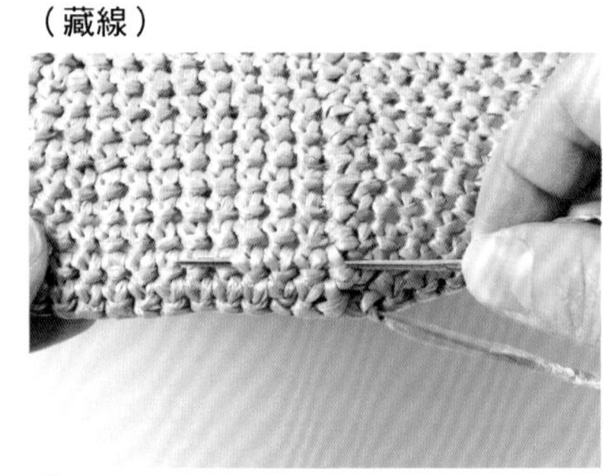

㊱ 收緊織線，大小約等同1針鎖針，如此即可完成美麗的作品。

（藏線）

㊲ 縫針在織片背面挑針2至3㎝，要注意別讓織線在正面露出。

㊳ 接著如圖示朝反方向挑縫回去，即可安心不會脫線。起針處的線頭，或是換線時的線頭，皆以相同方式進行藏線。

鉤織裝飾繩，縫合固定。

（鎖針）○

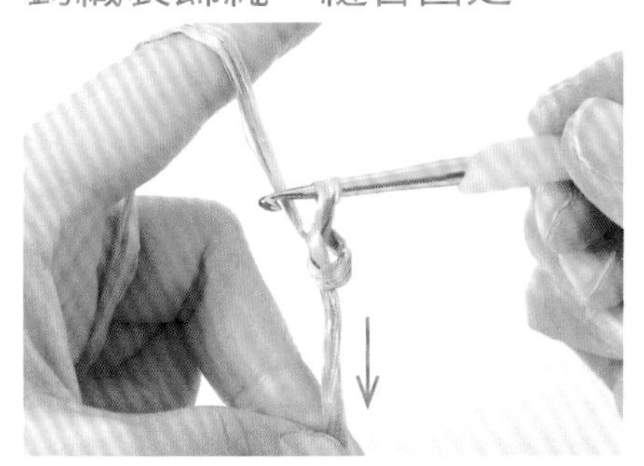

39 依P.23步驟2至4相同方式繞線起針，如圖示拉動線頭，收緊線圈。此即起針處的邊端針目。

POINT*
起針處的邊端針目不計入針數。

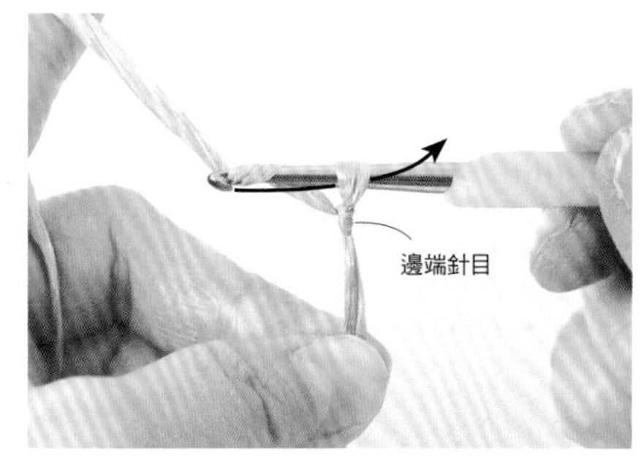

40 鉤針掛線後鉤出。

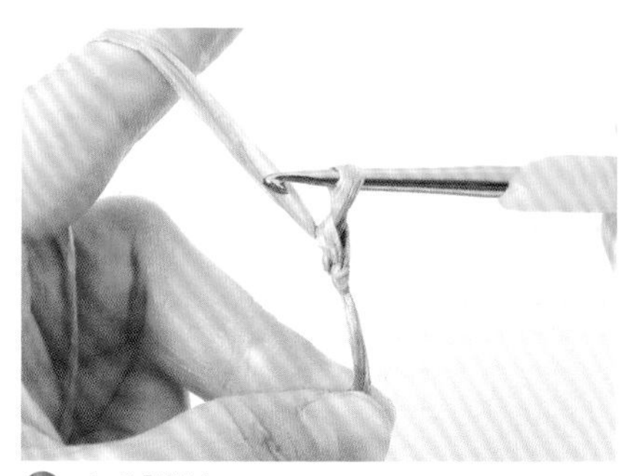

41 完成「鎖針」。

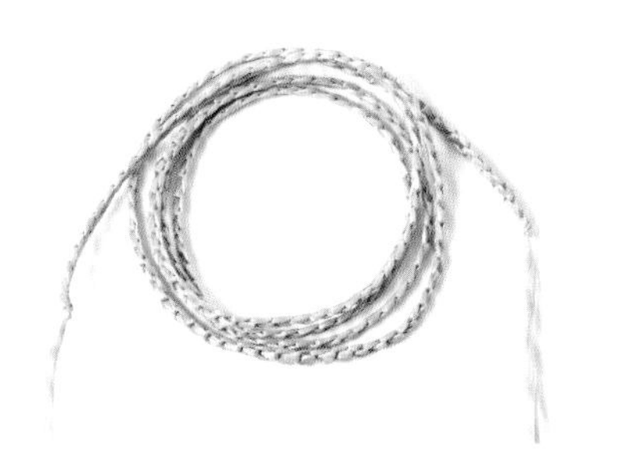

42 重複步驟40、41，鉤織鎖針直到長度達110cm［105cm］為止。

43 裝飾繩沿帽冠繞一圈，將蝴蝶結繫在後側。

44 繩端分別打單結，並修剪整齊。

45 取同色線從帽冠的第17段［第13段］出針，固定裝飾繩。

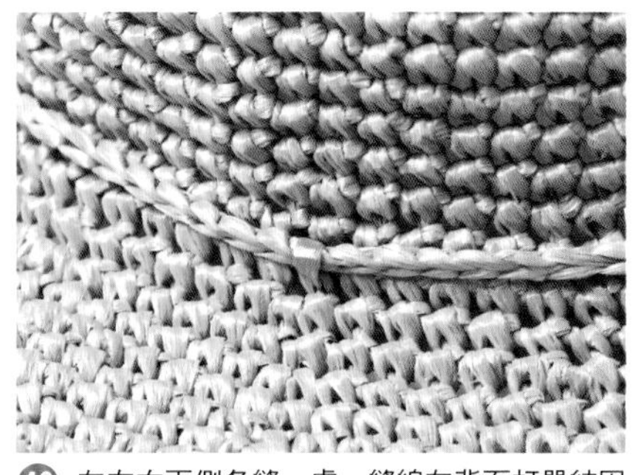

46 在左右兩側各縫一處，縫線在背面打單結固定，再依P.26步驟37、38的要領藏線。

47 完成。

★ 建議！ ★★★★★★★★★

鉤織完成的帽子不妨參照P.48「作品的修飾方法」，使用蒸汽熨斗整燙。使用蒸汽熨斗整燙之後，凹凸不平的織片就會煥然一新的平整美麗喔！

刺繡費多拉帽 …Photo P.10

7.

8.

●準備材料

線材 Hamanaka Eco Andaria（40g／球）

7.［兒童款］麥稈色（42）70g
象牙白（168）、天空藍（87）各少量

8.［成人款］麥稈色（42）85g
金色（172）、藍色（20）各少量

鉤針 Hamanaka Ami Ami樂樂雙頭鉤針5/0號

●**密度** 短針 20針=10㎝、17段=8.5㎝

●**尺寸** 7.［兒童款］頭圍51㎝
8.［成人款］頭圍57㎝

●**織法**

取1條線編織。

鎖針起針鉤4針，參照織圖一邊加針一邊以短針鉤織帽頂。接續鉤織帽冠，參照織圖進行花樣編的加針。繼續以短針鉤織帽簷，參照織圖進行加針。在帽冠加上刺繡之後，以蒸汽熨斗整燙帽頂中央的凹摺造型。

※刺繡方法見P.33。

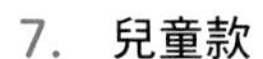

7. 兒童款

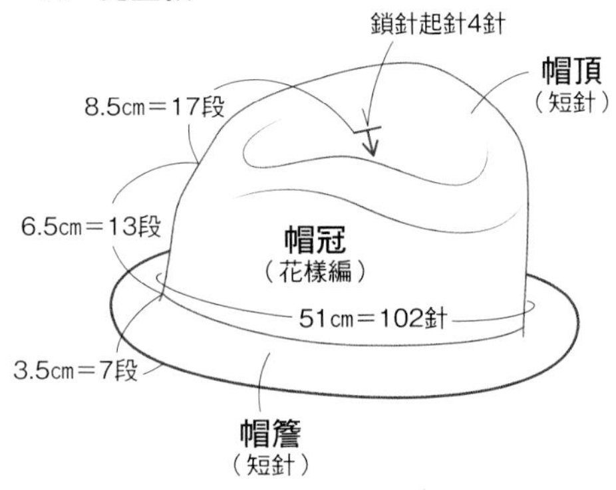

7. 的針數與加針方法

	段	針數	加針方法
帽簷	4～7	136針	不加減針
	3	136針	加17針
	2	119針	不加減針
	1	119針	加17針
帽冠	13	102針	不加減針
	8～12	102針（34組花樣）	
	5～7	102針	
	4	102針	加6針
	1～3	96針	不加減針
帽頂	17	96針	加8針
	16	88針	不加減針
	15	88針	加8針
	14	80針	不加減針
	13	80針	加8針
	11～12	72針	不加減針
	10	72針	每段加8針
	9	64針	
	8	56針	
	7	48針	不加減針
	6	48針	每段加8針
	5	40針	
	4	32針	
	3	24針	加6針
	2	18針	加8針
	1	在鎖針兩側挑10針	

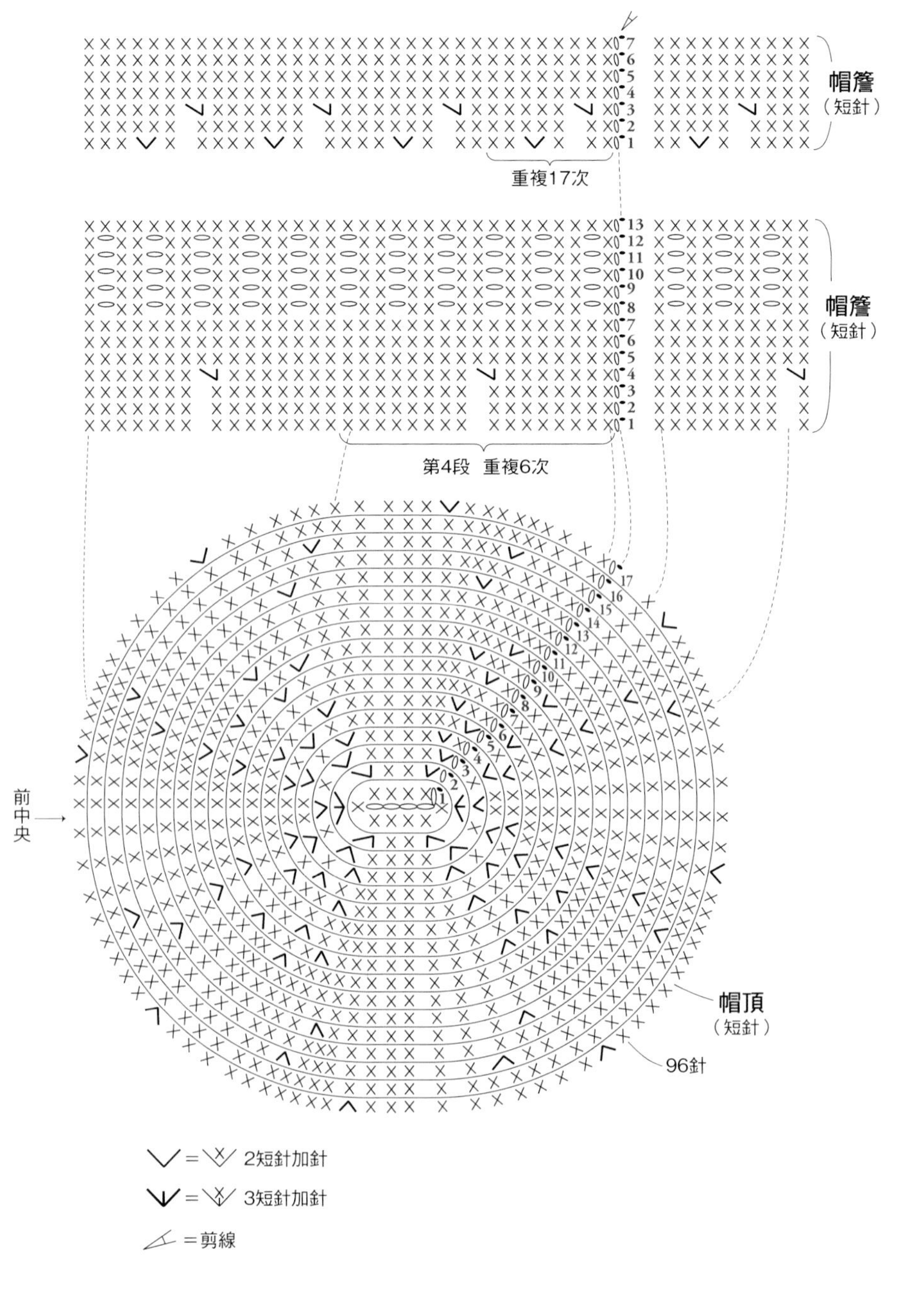

8. 成人款

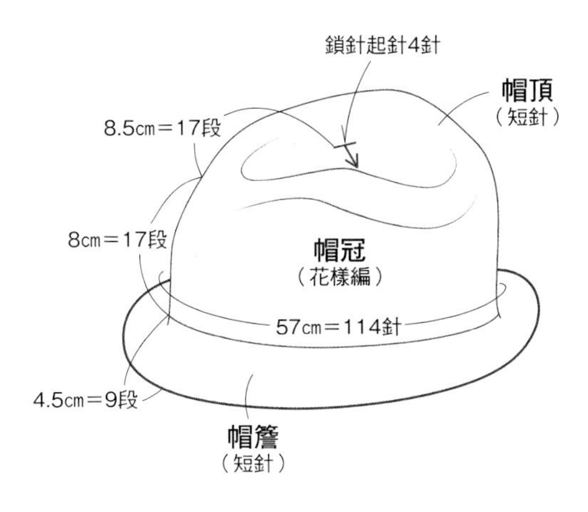

8. 的針數與加針方法

	段	針數	加針方法
帽簷	7～9	171針	不加減針
	6	171針	加19針
	4～5	152針	不加減針
	3	152針	加19針
	2	133針	不加減針
	1	133針	加19針
帽冠	17	114針	不加減針
	12～16	114針（38組花樣）	
	11	114針	加6針
	6～10	108針（36組花樣）	不加減針
	5	108針	加6針
	3～4	102針	不加減針
	2	102針	加6針
	1	96針	不加減針
帽頂	17	96針	加8針
	16	88針	不加減針
	15	88針	加8針
	14	80針	不加減針
	13	80針	加8針
	11～12	72針	不加減針
	10	72針	每段加8針
	9	64針	
	8	56針	
	7	48針	不加減針
	6	48針	每段加8針
	5	40針	
	4	32針	
	3	24針	加6針
	2	18針	加8針
	1	在鎖針兩側挑10針	

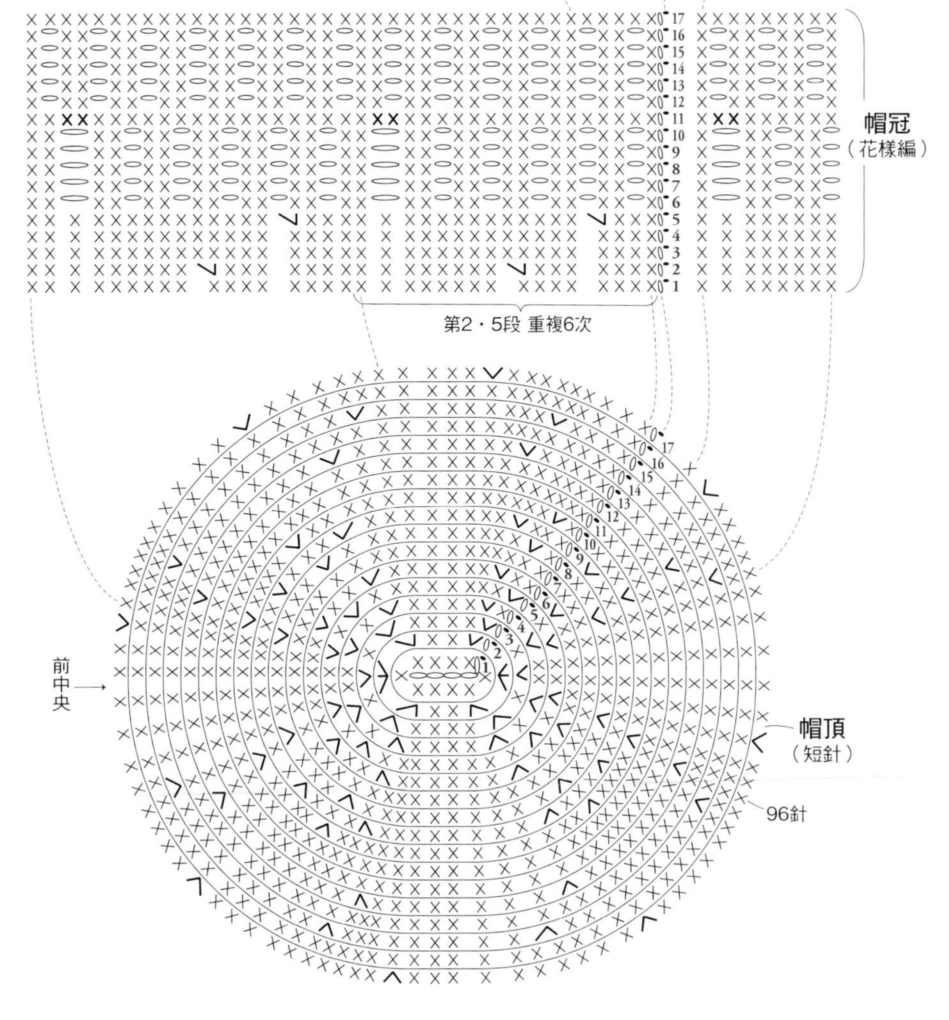

＝ 2短針加針

＝ 3短針加針

XX＝ 在前段的鎖針挑束鉤織2短針加針

＝ 剪線

7. 8. 刺繡費多拉帽的織法

以8.成人帽款進行解說。[ ] 內表示7.兒童帽款的針數與段數。

鉤織帽頂

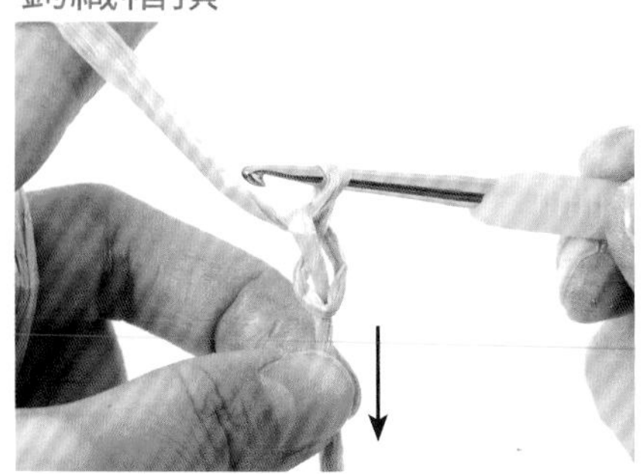

❶ 依P.23步驟❷至❹繞線起針，如圖示拉動線頭收緊線圈。此即起針處的邊端針目。
POINT*
起針處的邊端針目不計入針數。

（鎖針）○

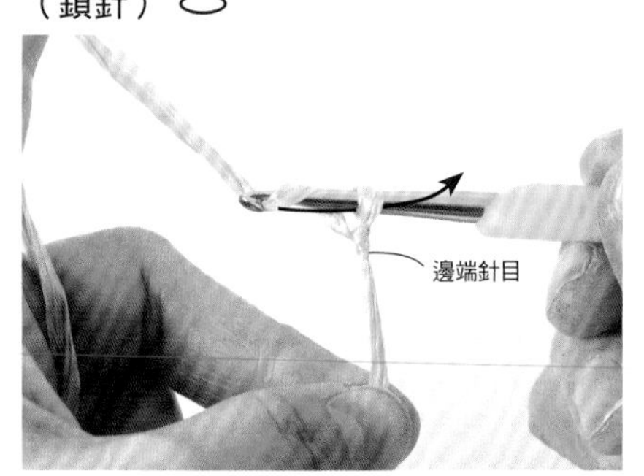

❷ 鉤針掛線後鉤出。

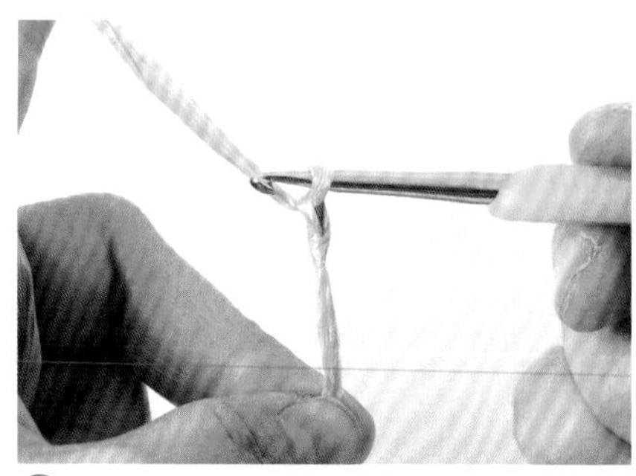

❸ 完成「鎖針」。

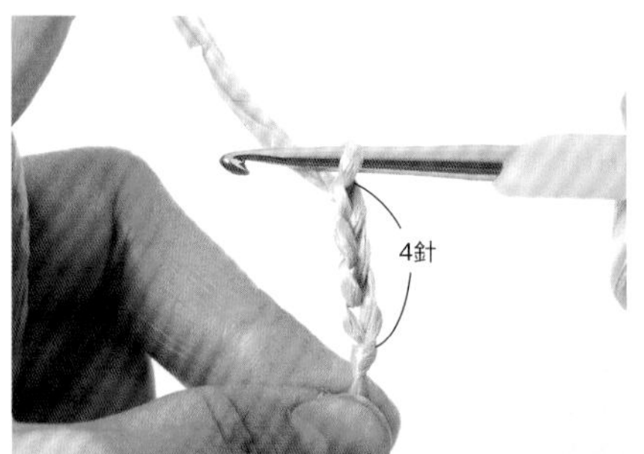

❹ 重複步驟❷、❸，鉤織起針的4鎖針。

（短針）×

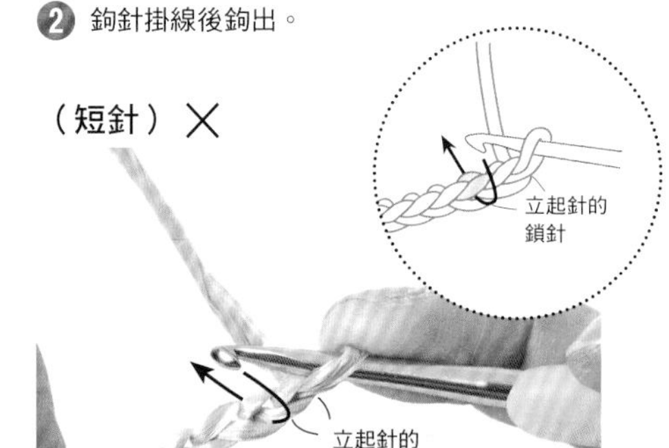

❺ 第1段。鉤織立起針的1針鎖針，鉤針穿入相鄰針目的**鎖針半針與裡山**，鉤織短針（P.23步驟❼至⓫）。

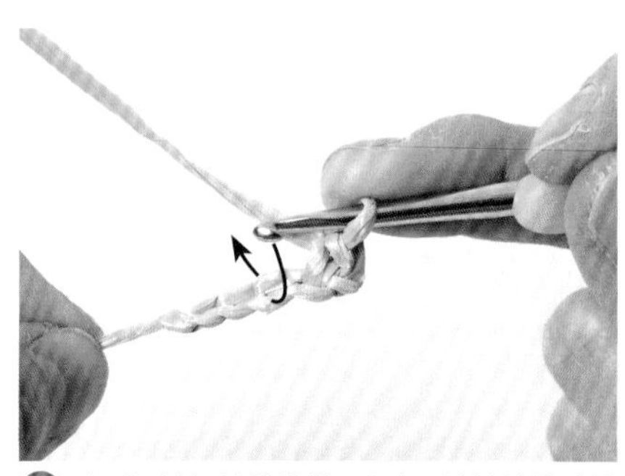

❻ 完成1針短針的模樣。在每1針鎖針挑針鉤織1針短針。

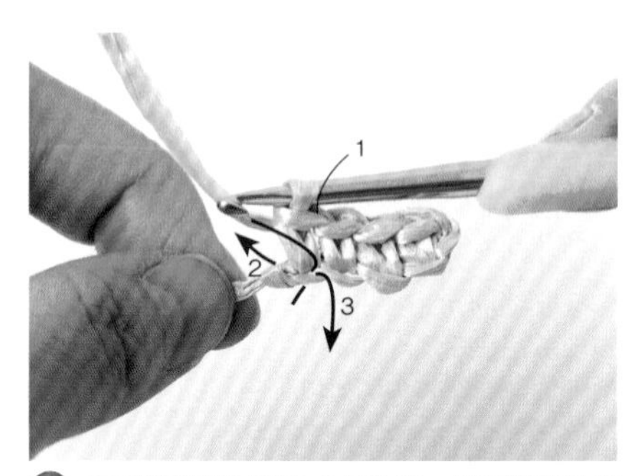

❼ 在最後的鎖針織入3針短針。第2針挑針處同第1針，第3針則是挑鎖針剩下的半針鉤織。

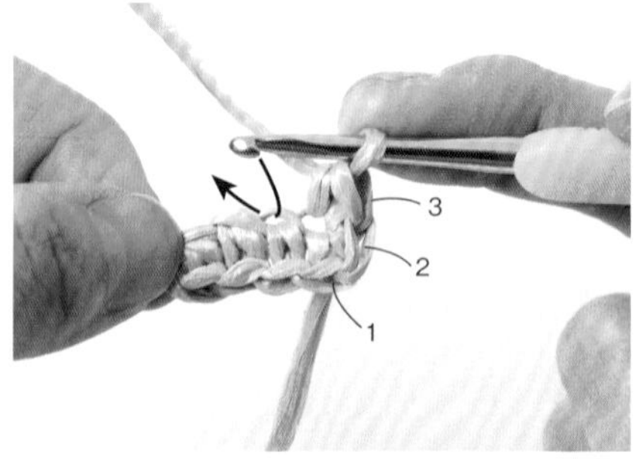

❽ 織入3針的模樣。旋轉織片，鉤織鎖針另一側，挑剩下半針鉤織短針。

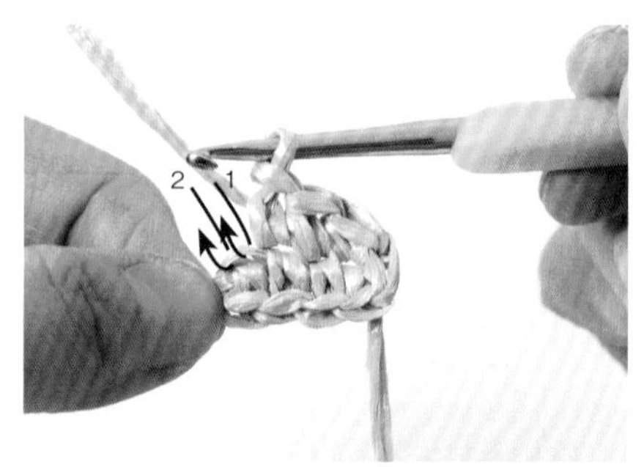

❾ 在最後的針目織入2針。由於步驟❺織入了1針，因此形成1針裡織入3針的狀態。

何謂鎖針的半針與裡山？

鎖針的針目，正面觀看時有著猶如鎖鍊般2條線的針目，僅表示單邊的時候，稱為「鎖針的半針」。而背面凸起如山形的織線，則稱為「鎖針裡山」。

鎖針的挑針方法，主要分為A與B兩種方式。

正面

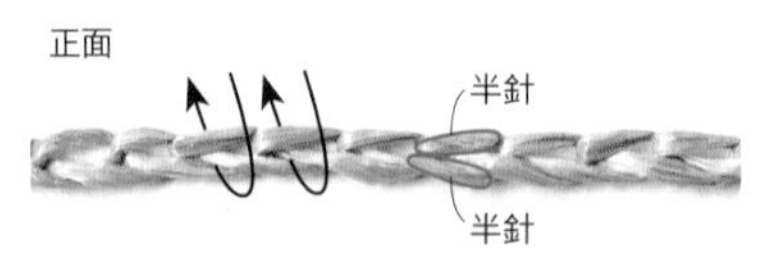

A挑「鎖針半針與裡山」2條線的方法。挑針容易，針目較緊密且穩定。

裡山

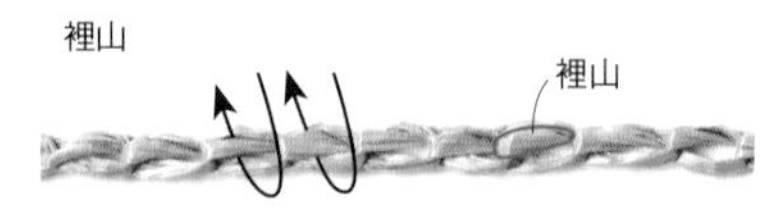

B挑「鎖針裡山」1條線的方法。表面的鎖針呈現完整美觀的模樣。

（引拔針）●

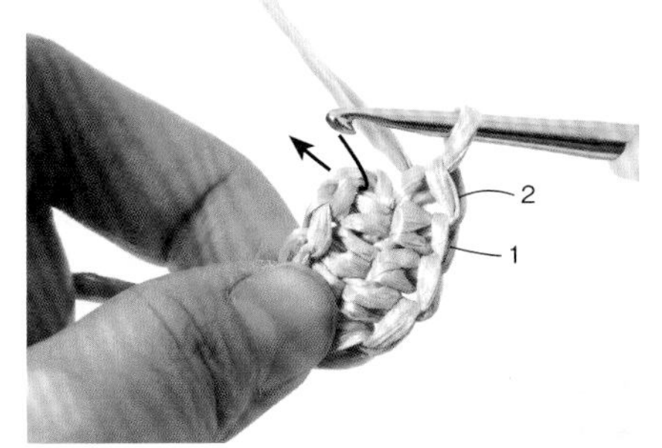

⑩ 最後，挑步驟❺鉤織的短針針頭，鉤引拔針（P.24步驟⑮至⑰）。

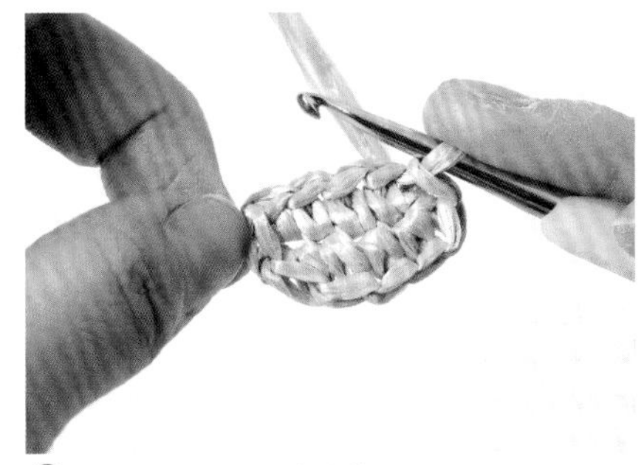

⑪ 引拔後的模樣。完成第1段。

（2短針加針）

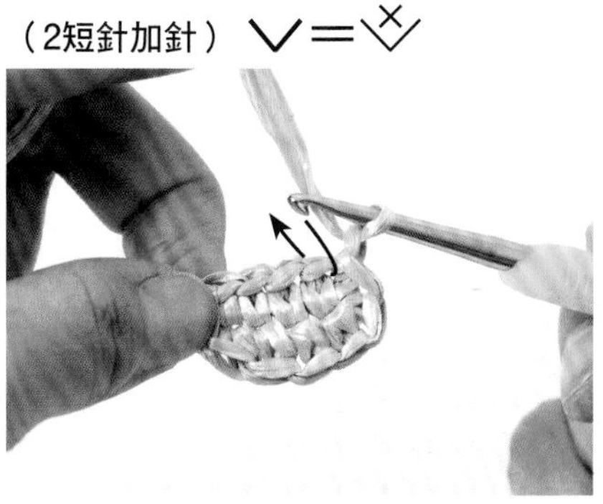

⑫ 鉤織第2段立起針的1針鎖針，接著在前段的短針針頭挑針，鉤織短針。

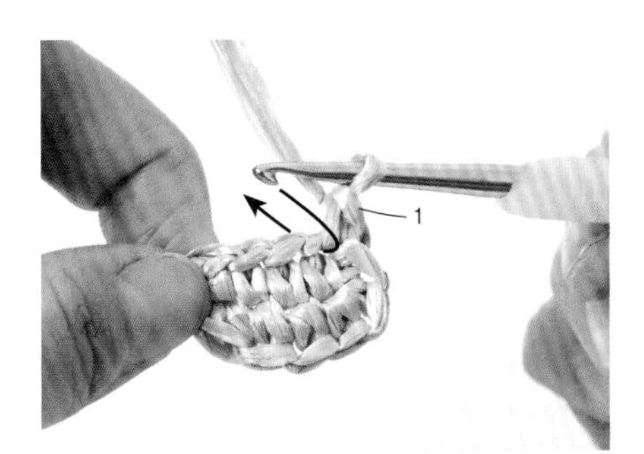

⑬ 鉤針再次穿入同一處，鉤織短針。

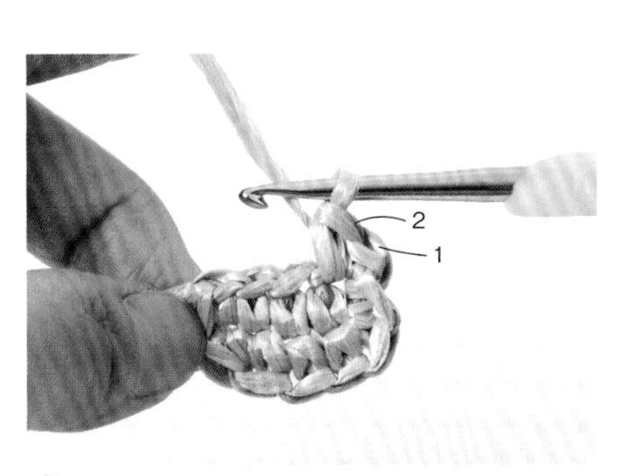

⑭ 織入2針的模樣，此即「2短針加針」。

（3短針加針）

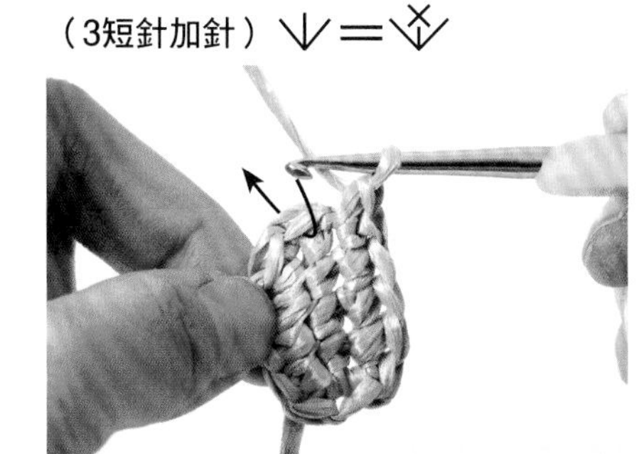

⑮ 繼續鉤織短針與「2短針加針」，最後在起始端針目織入3針。首先，鉤織1針短針。

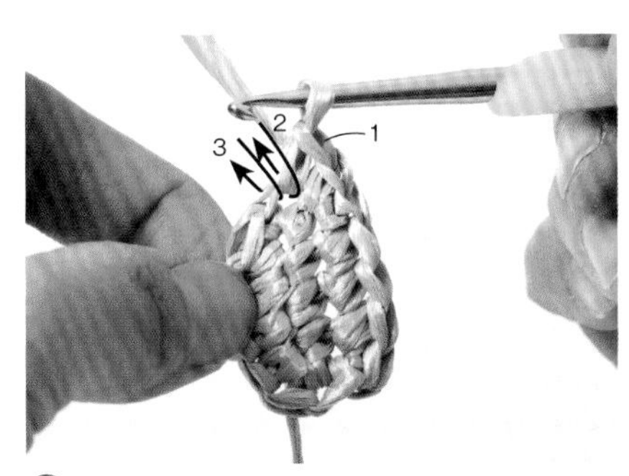

⑯ 再同一處，鉤織另外2針。

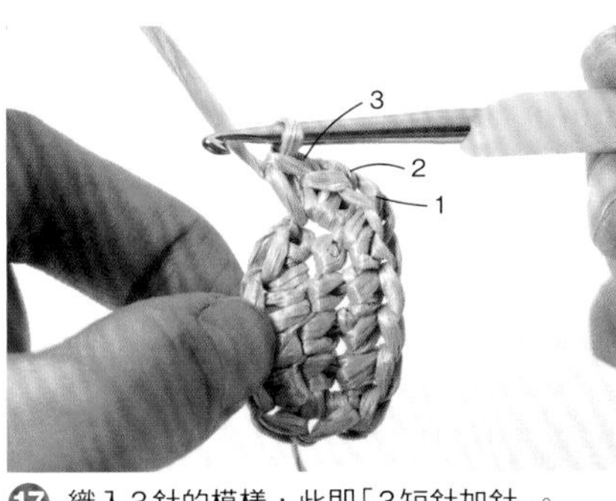

⑰ 織入3針的模樣，此即「3短針加針」。

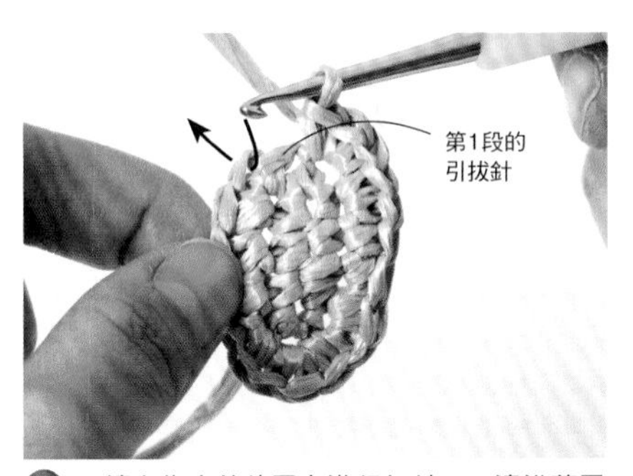

⑱ 一邊在指定的位置上進行加針，一邊沿著周圍鉤織1段，最後鉤引拔針。

POINT*
請注意不要挑錯針，誤穿入第1段引拔針的針目（參照P.25步驟㉑）。

⑲ 第3段之後，依織圖的指定位置一邊加針一邊鉤織。

⑳ 鉤織17段，完成帽頂。形成微微立體的碗狀。

POINT*
帽頂鉤織完成後，先以蒸汽熨斗整燙塑形一次（P.48），較容易進行接下來的鉤織。

鉤織帽冠

㉑ 依織圖的指定位置一邊加針，一邊鉤織5段〔7段〕。

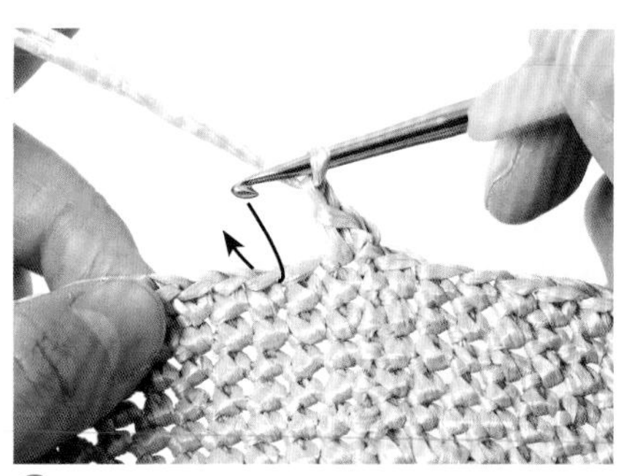

㉒ 第6段〔第8段〕，鉤織1針短針、1針鎖針，跳過前段的1針短針後，鉤織2針短針。

㉓ 重複1針鎖針與2針短針鉤織1段。第7至10段〔第9至12段〕皆以第6段的方式鉤織。

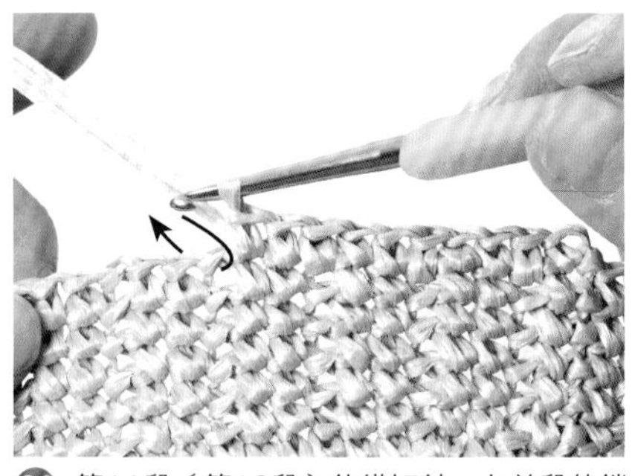

㉔ 第11段〔第13段〕鉤織短針，在前段的鎖針處是 挑束鉤織 。7.的帽冠完成。

㉕ 成人帽第12至16段同樣依第6段的方式，重複鉤織1針鎖針與2針短針。

㉖ 第17段鉤織短針，帽冠完成。

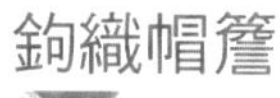

鉤織帽簷

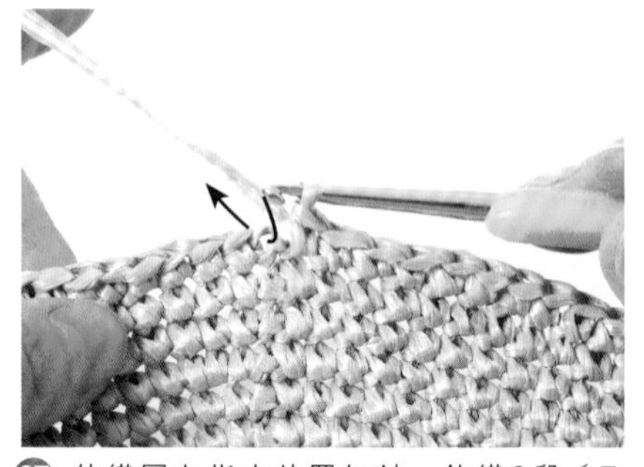

㉗ 依織圖在指定位置加針，鉤織9段〔7段〕，最後鉤引拔針。

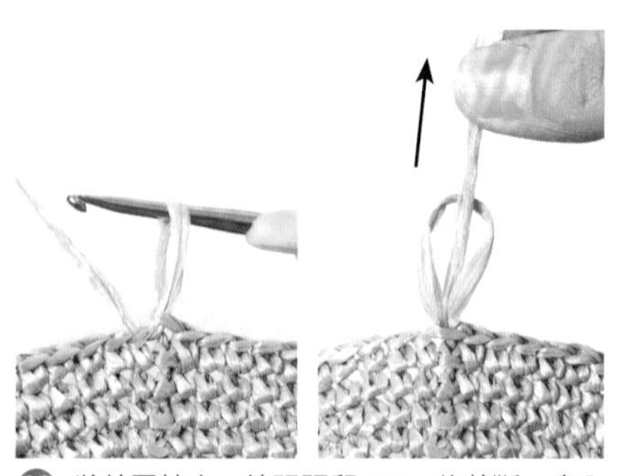

㉘ 將線圈拉大，線頭預留15cm後剪斷，穿入線圈中，再拉線收緊。

㉙ 線頭穿入織片背面，進行藏線（P.26步驟㊲、㊳），帽簷完成。

何謂挑束？

鉤針不穿入前段鎖針的針目中鉤織，而是穿入鎖針下方空隙，將整個鎖針挑起鉤織，這種織法就稱為「挑束」。以記號圖表示「織入○針」時，書上的記號圖示會分別以針腳相連或針腳分開的圖示，來表示挑針或挑束。

針腳相連時

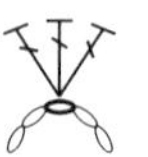

鉤針穿入前段的1針中鉤織。

針腳分開時

將前段的鎖針整個挑束鉤織。

進行刺繡

7. 帽冠 在第8至12段進行刺繡　**8. 帽冠** 在第6至10段、第12至16段進行刺繡

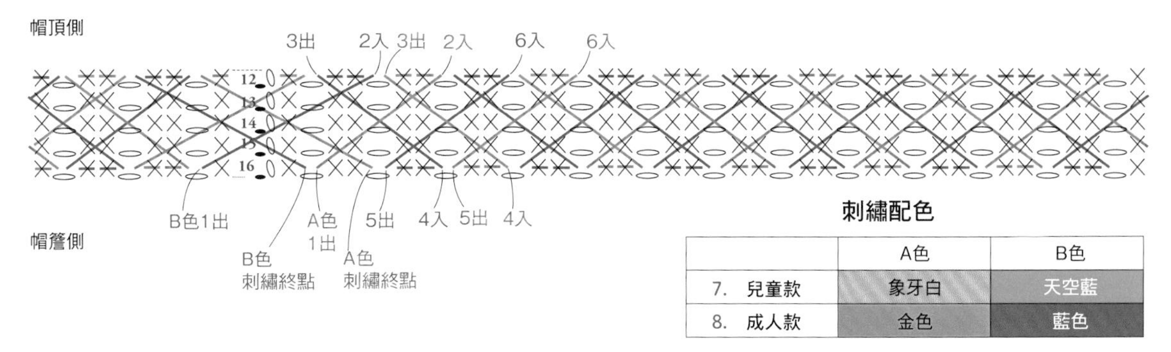

刺繡配色

	A色	B色
7. 兒童款	象牙白	天空藍
8. 成人款	金色	藍色

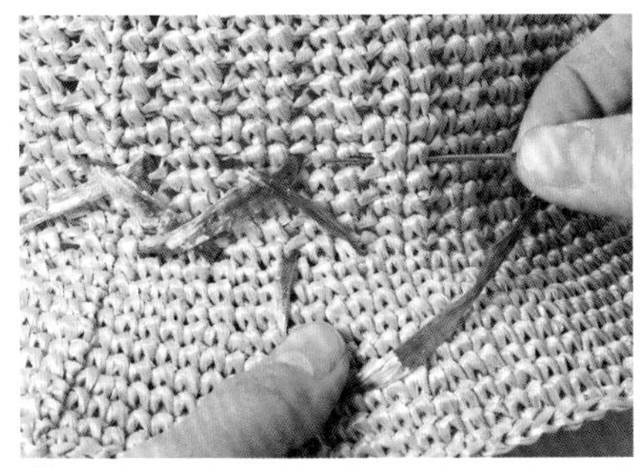

㉚ 將帽簷朝向自己進行刺繡。A色如上圖所示，依照號碼順序入針出針。

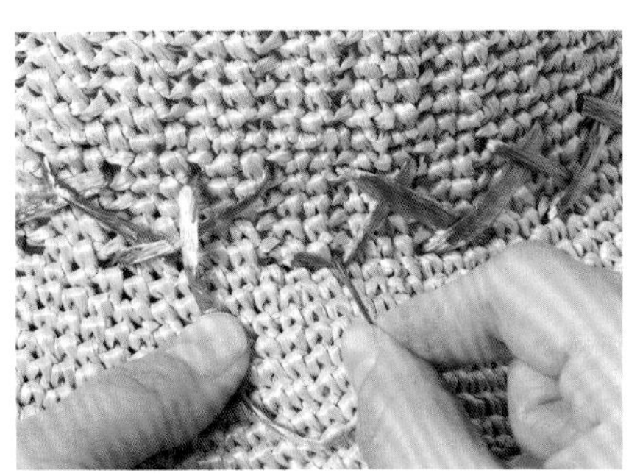

㉛ 由於刺繡終點必須穿過刺繡起點的下方，因此刺繡時請拉開起點繡線進行。

㉜ A色刺繡完成的模樣。刺繡終點與刺繡起點的線頭，在帽子背面打單結後，穿入織片內側藏線。

㉝ 接下來進行B色的刺繡，入針之處皆與A色錯開2針。

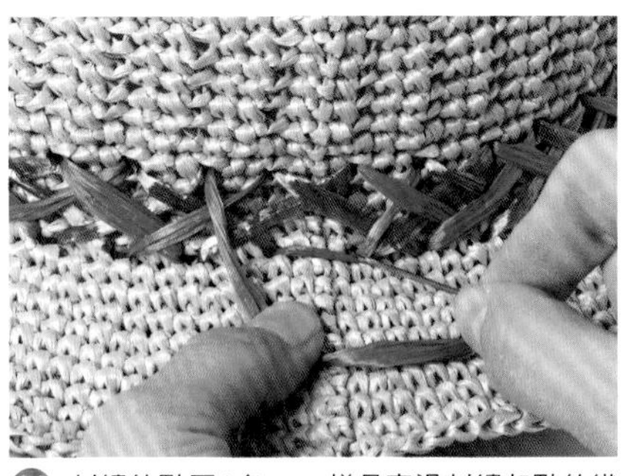

㉞ 刺繡終點同A色，一樣是穿過刺繡起點的織線下方。

㉟ B色刺繡完成的模樣。線頭依步驟㉜相同的方式收尾即完成。在8.的第6至10段以相同方式進行刺繡即可。

帽頂的整燙塑形

㊱ 將帽頂中央（起針處）對摺，以蒸汽熨斗整燙。之後以書本等重物暫時壓上，加以定型。

㊲ 完成帽頂中央的凹摺造型。

＊Lesson作品

緞帶大簷帽 …Photo P.16

15.

16.

●**準備材料**

線材 Hamanaka Eco Andaria（40g／球）

15. ［兒童款］麥稈色（42）80g

16. ［成人款］淺駝色（23）120g

鉤針 Hamanaka Ami Ami樂樂雙頭鉤針5/0號

其他

形狀保持材（H204-593）15. 6m50cm　16. 10m

熱縮管（H204-605）各5cm

緞帶15. 寬2.5cm藍色105cm　16. 寬4cm黑色128cm

●**密度** 短針　18.5針21段＝10cm平方

●**尺寸** 15. ［兒童款］頭圍53cm　高14cm

16. ［成人款］頭圍58cm　高16.5cm

●**織法**

取1條線編織。

繞線成圈作輪狀起針，織入7針短針。參照織圖，自第2段開始一邊加針一邊以短針鉤織帽頂、帽冠、帽簷，鉤織帽簷時在指定段包入形狀保持材。最終段鉤織引拔針。緞帶繞帽冠一圈，在後側中央打上蝴蝶結。

15. 兒童款

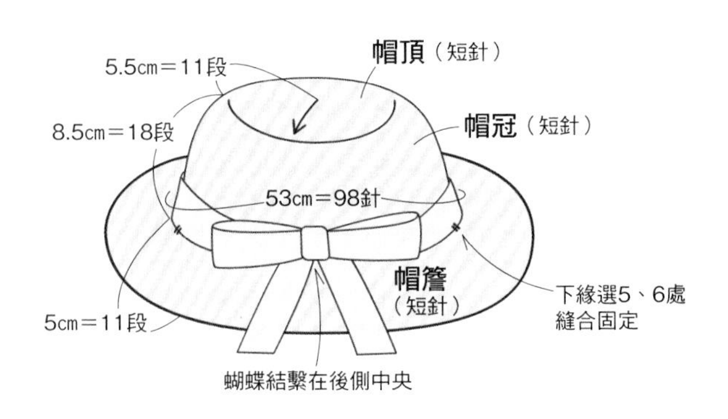

16. 成人款

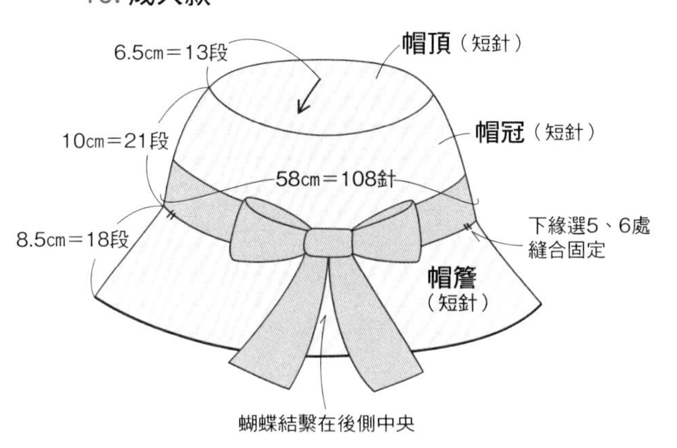

15. 針數與加針方法

	段	針數	加針方法
帽簷	10	161針	不加減針
	9	161針	加14針
	7～8	147針	不加減針
	6	147針	加14針
	4～5	133針	不加減針
	3	133針	加14針
	2	119針	不加減針
	1	119針	加21針
帽冠	15～18	98針	不加減針
	14	98針	加7針
	10～13	91針	不加減針
	9	91針	加7針
	6～8	84針	不加減針
	5	84針	加7針
	1～4	77針	不加減針

帽頂鉤織方法同16. 成人款，鉤至第11段即可。

15. 兒童款

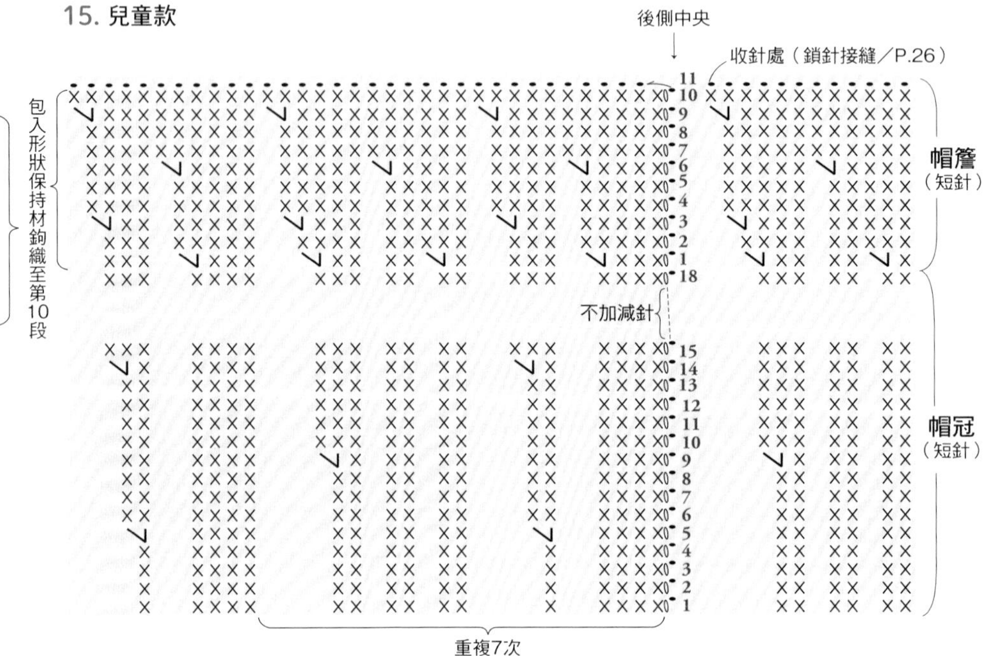

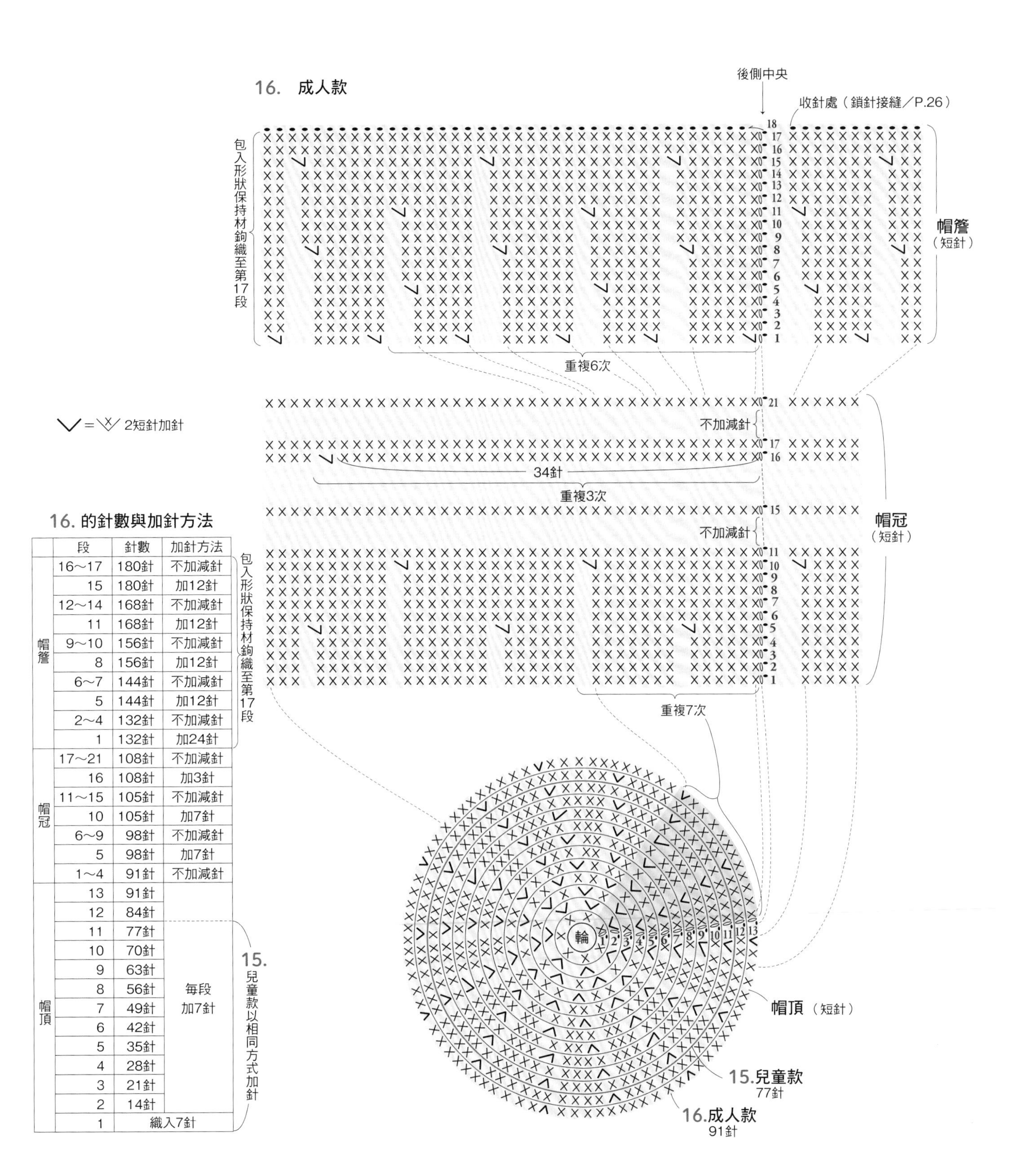

16. 的針數與加針方法

	段	針數	加針方法
帽簷	16～17	180針	不加減針
	15	180針	加12針
	12～14	168針	不加減針
	11	168針	加12針
	9～10	156針	不加減針
	8	156針	加12針
	6～7	144針	不加減針
	5	144針	加12針
	2～4	132針	不加減針
	1	132針	加24針
帽冠	17～21	108針	不加減針
	16	108針	加3針
	11～15	105針	不加減針
	10	105針	加7針
	6～9	98針	不加減針
	5	98針	加7針
	1～4	91針	不加減針
帽頂	13	91針	每段加7針
	12	84針	
	11	77針	
	10	70針	
	9	63針	
	8	56針	
	7	49針	
	6	42針	
	5	35針	
	4	28針	
	3	21針	
	2	14針	
	1	織入7針	

15. 16. 緞帶大簷帽的織法

以16.成人帽款進行解說。［ ］內表示15.兒童帽款的針數與段數。
為了更淺顯易懂，改以黑色的形狀保持材示範解說，實際上則是使用透明款。

鉤織帽頂

❶ 參照P.23繞線成圈作輪狀起針，織入7針短針。

❷ 依P.35的織圖，一邊加針一邊鉤織13段［11段］。

鉤織帽冠

❸ 依織圖的指定位置一邊加針，一邊鉤織21段［18段］。

鉤織帽簷（包入形狀保持材）

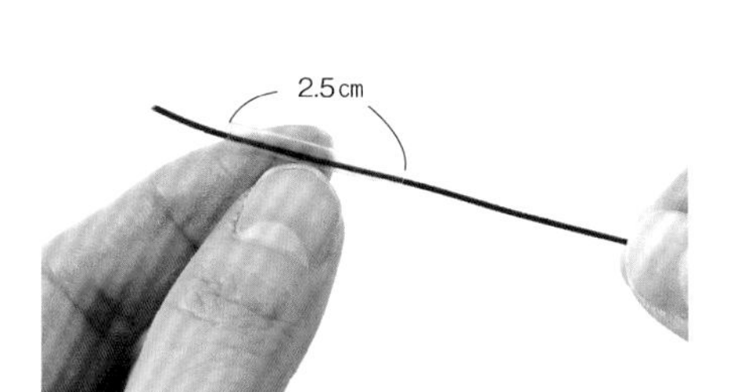

❹ 從帽簷的第1段開始包入形狀保持材。剪下2.5cm的熱收縮管，穿入形狀保持材。

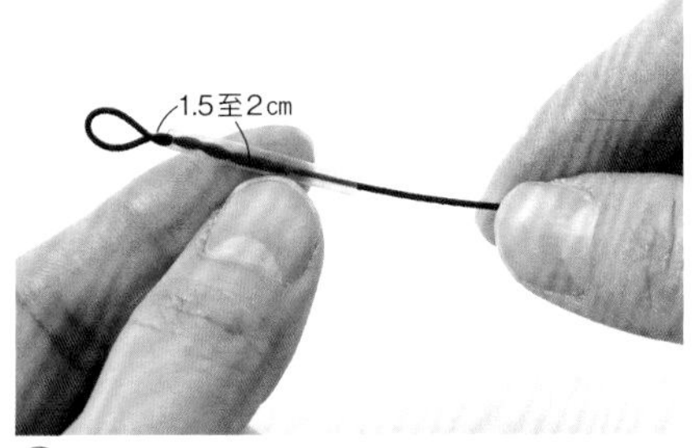

❺ 形狀保持材前端如圖示預留長度，對摺後扭轉數圈，再將熱收縮管移至扭轉處，以吹風機加熱，使其收縮固定。

POINT*
保持材前端線圈，要作成鉤針針頭可穿入的大小。

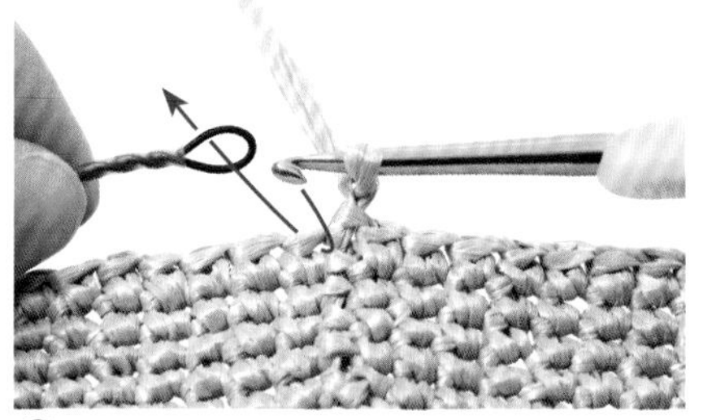

❻ 鉤織立起針的鎖針，鉤織起點的第1針，鉤針如箭頭指示穿入針目與形狀保持材的線圈中。

❼ 鉤針掛線，引拔織線。

❽ 鉤針掛線，鉤織短針。

❾ 包入形狀保持材，完成1針短針。

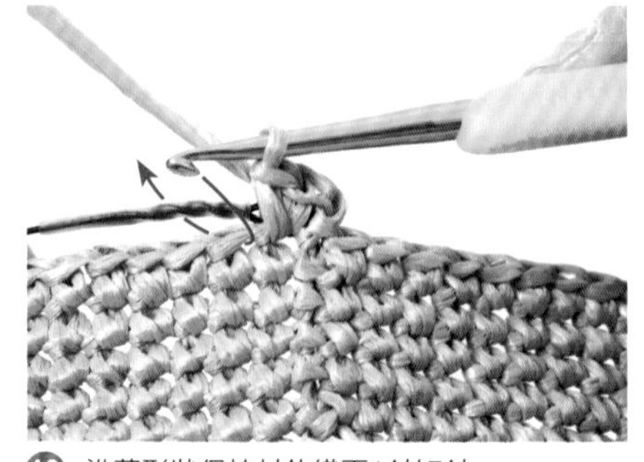

❿ 沿著形狀保持材鉤織下1針短針。

⓫ 一邊包入形狀保持材，一邊鉤織1段。

⓬ 第1段完成的模樣。第2段同樣要包入形狀保持材，因此移至下一段。

⑬ 形狀保持材如圖示置於內側，鉤針掛線引拔。

⑭ 引拔完成的模樣。

⑮ 鉤織立起針的鎖針，接著包入形狀保持材鉤織短針。

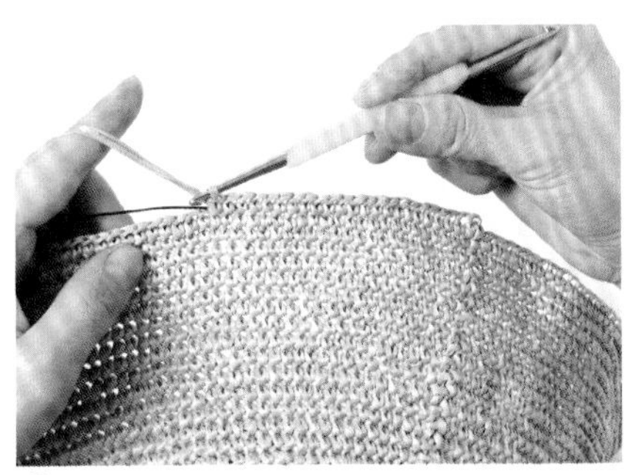

⑯ 以相同方式一邊包入形狀保持材，一邊鉤織2至17段［第10段］。

收針

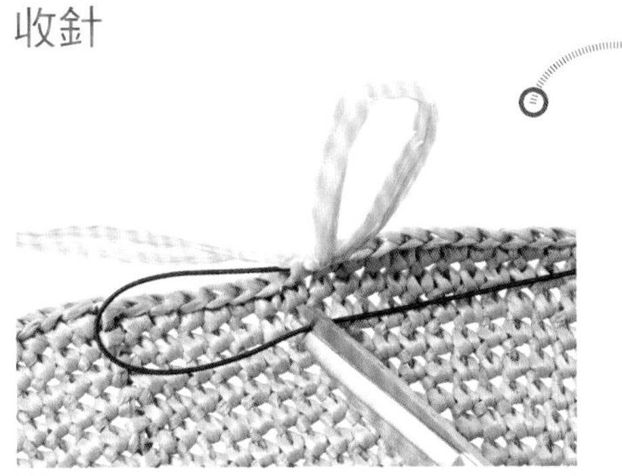

⑰ 鉤織至第17段［第10段］約剩下最後5針時，將形狀保持材預留約5針份的2倍長，再剪斷。

POINT*
為了避免形狀保持材長度不夠，最好在剪斷之前先整理帽簷的形狀。

⑱ 依帽簷起點步驟❹至❻的要領，穿入熱收縮管、扭轉形狀保持材，作出線圈。

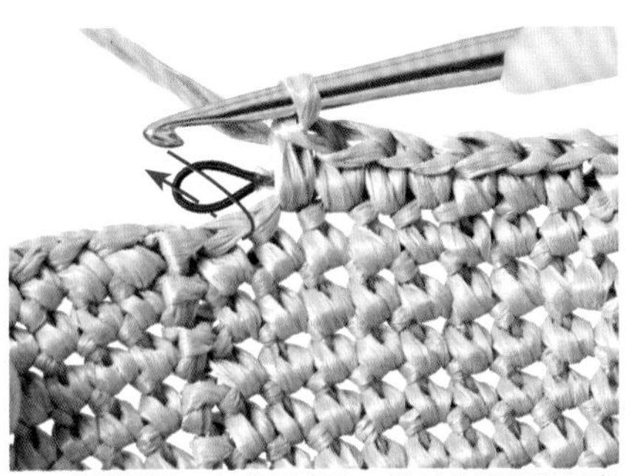

⑲ 鉤織最後一針的短針時。鉤針依箭頭指示穿入前段最後針目與形狀保持材的線圈，鉤織短針。

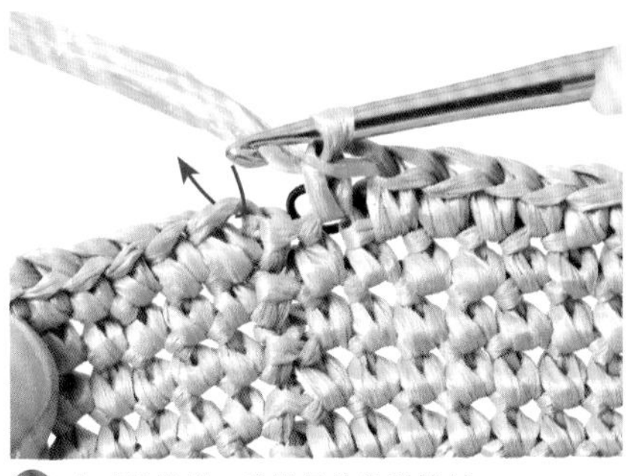

⑳ 完成的模樣。鉤織最後的引拔針。

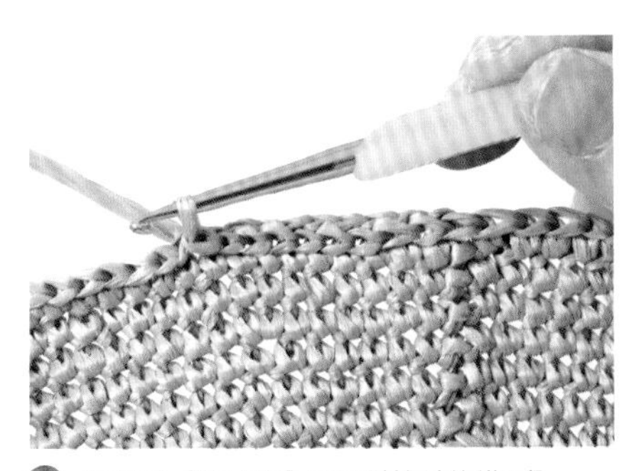

㉑ 第18段［第11段］是以引拔針鉤織1段。

㉒ 以鎖針接縫收針，線頭穿入織片背面藏線（P.26步驟㉝至㊳）。

㉓ 綁上緞帶，以縫線縫合數處固定。完成！

點點條紋兒童帽 …Photo P.8

●**準備材料**

線材 Hamanaka Eco Andaria（40g／球）

4. 復古粉（71）40g　砂棕色（169）10g

5. 復古藍（66）40g　砂棕色（169）10g

鉤針 Hamanaka Ami Ami樂樂雙頭鉤針6/0號

●**密度**　短針　16.5針＝10cm、14段＝8cm

●**尺寸**　頭圍51cm　高15cm

●**織法**

取1條線，依指定配色鉤織。

繞線成圈作輪狀起針，織入6針短針。參照織圖，自第2段開始一邊加針，一邊以短針與花樣編進行，同時依指示更換配色線，鉤織帽頂、帽冠、帽簷。

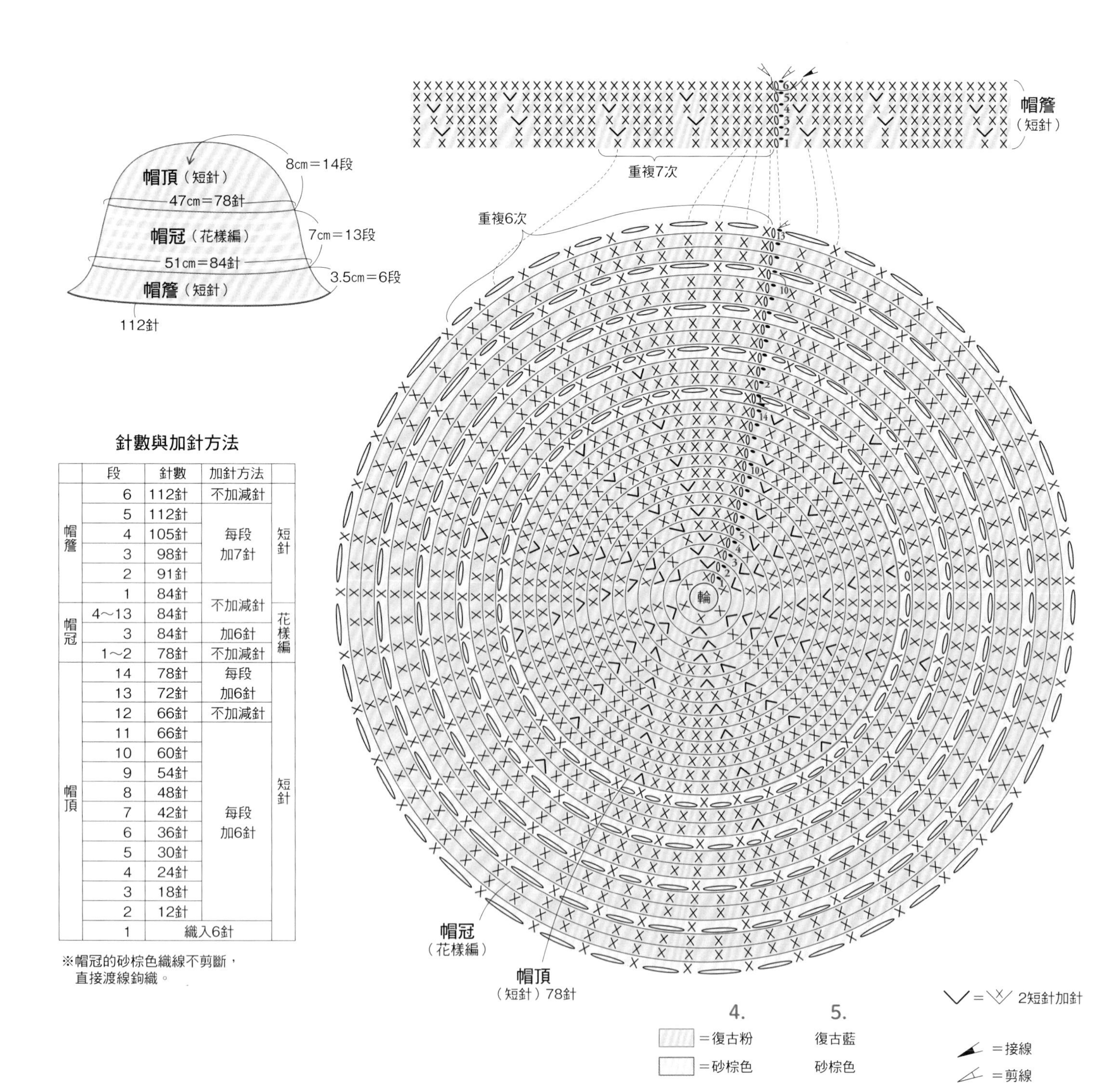

針數與加針方法

	段	針數	加針方法	
帽簷	6	112針	不加減針	短針
	5	112針	每段加7針	
	4	105針		
	3	98針		
	2	91針		
	1	84針	不加減針	
帽冠	4～13	84針		花樣編
	3	84針	加6針	
	1～2	78針	不加減針	
帽頂	14	78針	每段加6針	短針
	13	72針		
	12	66針	不加減針	
	11	66針	每段加6針	
	10	60針		
	9	54針		
	8	48針		
	7	42針		
	6	36針		
	5	30針		
	4	24針		
	3	18針		
	2	12針		
	1	織入6針		

※帽冠的砂棕色織線不剪斷，直接渡線鉤織。

小熊帽 …Photo P.9

6.

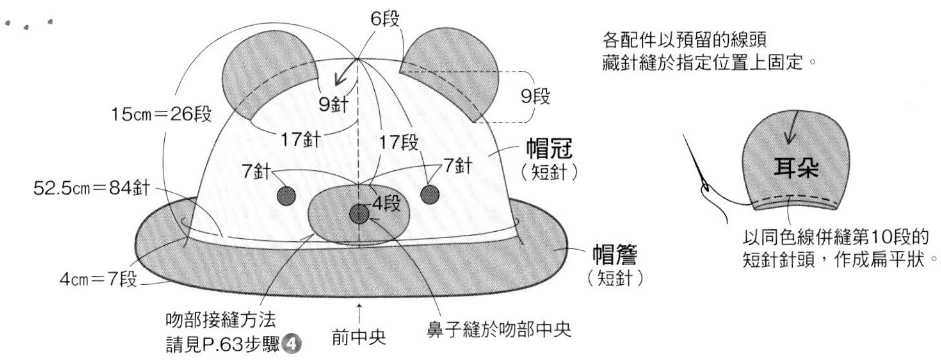

各配件以預留的線頭
藏針縫於指定位置上固定。

以同色線併縫第10段的
短針針頭，作成扁平狀。

●準備材料

線材 Hamanaka Eco Andaria（40g／球）
淺駝色（23）45g　卡其色（59）40g
黑色（30）少許

鉤針 Hamanaka Ami Ami樂樂雙頭鉤針7/0號

●密度

短針　16針17.5段＝10cm平方

●尺寸　頭圍52.5cm　高15cm

●織法

取1條線，依指定配色編織。

繞線成圈作輪狀起針，織入7針短針。參照織圖，自第2段開始一邊加針一邊以短針鉤織帽冠。接著改換配色線鉤織帽簷，參照織圖進行短針的加針。耳朵是鎖針起針3針，依照織圖鉤織短針的加減針。吻部鉤織方式同耳朵第1至5段。眼睛與鼻子是繞線成圈作輪狀起針，依織圖織入短針。最後將各配件接縫於帽冠即可。

吻部（短針）　卡其色　1片
※預留30cm縫線
※鉤織方式同耳朵第1～5段。

耳朵（短針）　卡其色　2片
※預留20cm縫線。

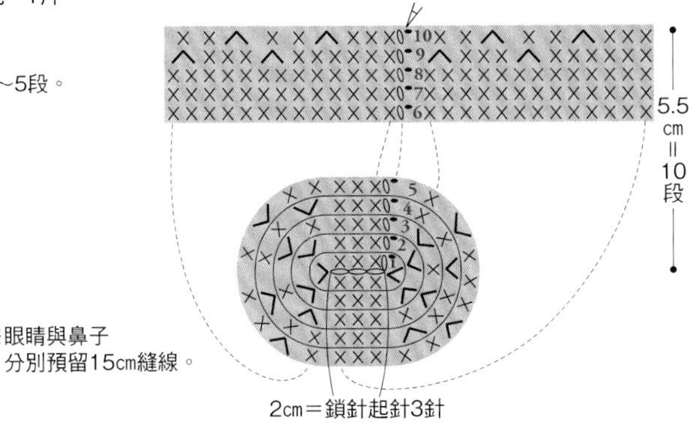

眼睛（短針）
黑色　2片

鼻子（短針）
黑色　1片

輪　1.5cm

輪　1.5cm

※眼睛與鼻子
分別預留15cm縫線。

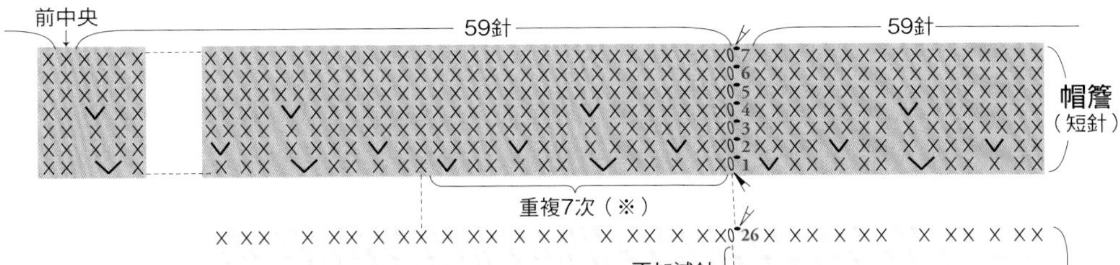

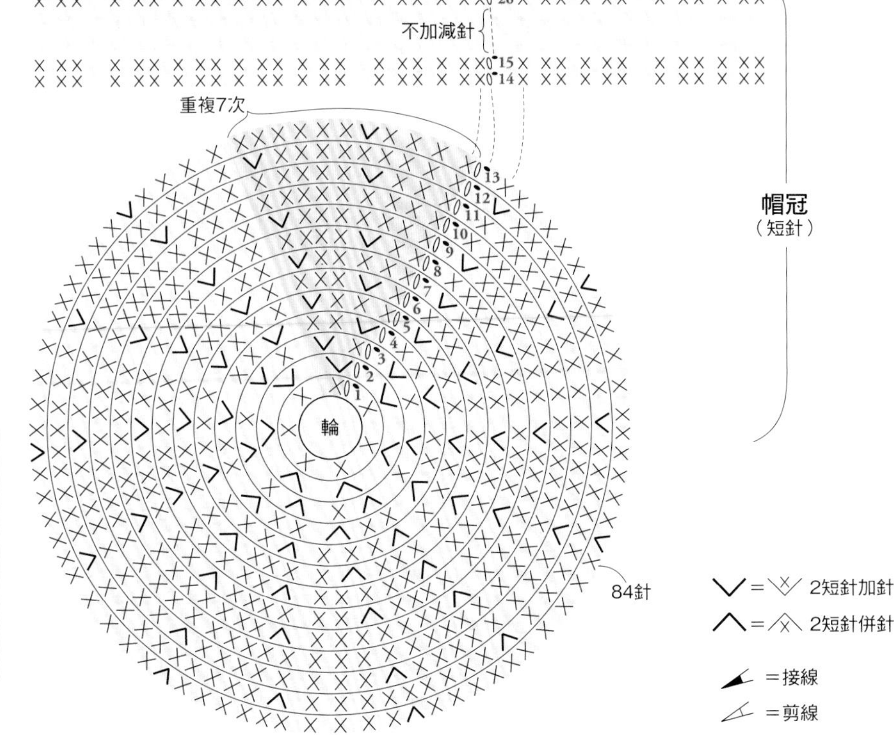

針數與加針方法

	段	針數	加針方法	配色
帽簷	5～7	119針	不加減針	卡其色
	4	119針	加7針	
	3	112針	不加減針	
	2	112針	每段加14針	
	1	98針		
帽冠	26～14	84針	不加減針	淺駝色
	13	84針	每段加7針	
	12	77針		
	11	70針		
	10	63針	不加減針	
	9	63針	每段加7針	
	8	56針		
	7	49針		
	6	42針		
	5	35針		
	4	28針		
	3	21針		
	2	14針		
	1	織入7針		

∨＝ 2短針加針
∧＝ 2短針併針
＝接線
＝剪線

皺褶繡花樣帽 …Photo P.12

9.

10.

●準備材料

線材 Hamanaka Eco Andaria（40g／球）

9.［成人款］麥稈色（42）120g 深褐色（16）少許

10.［兒童款］麥稈色（42）80g 綠色（17）少許

●**鉤針** Hamanaka Ami Ami樂樂雙頭鉤針6/0號

●**其他** 形狀保持材（H204-593）9. 12m 10. 8m

熱收縮管（H204-605）各5cm

●**密度** 短針 18.5針20段＝10cm平方

●**尺寸** 9.［成人款］頭圍58cm 高17cm

10.［兒童款］頭圍52cm 高15cm

●織法

取1條線，除皺褶繡之外，皆以淺駝色鉤織。

繞線成圈作輪狀起針，織入12針短針。參照織圖，自第2段開始一邊加針一邊鉤織9.至第25段，10.至第24段。接下來鉤織花樣編，9.加至144針，10.加至128針。再來參照織圖減針鉤織帽簷，9.減至108針，10.減至96針，參照P.36包入形狀保持材鉤織短針。將帽簷朝向自己，9.取深褐色、10.取綠色1條線，在花樣編的部分進行皺褶繡。

※皺褶繡的繡法請見P.42。

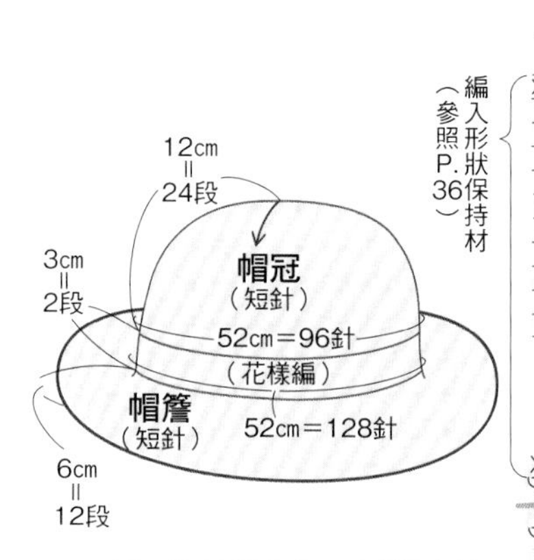

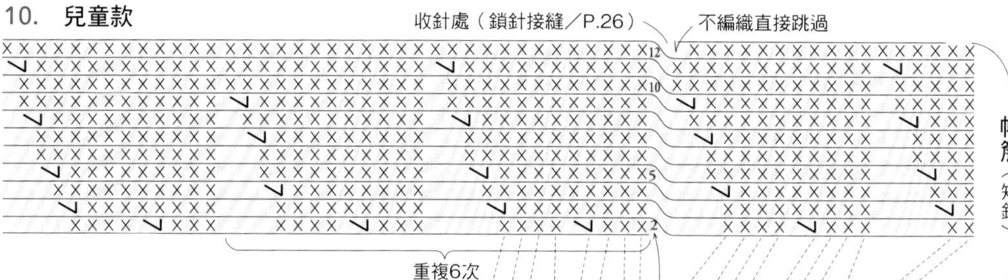

10. 的針數與加・減針方法

	段	針數	加・減針方法	
帽簷	12	149針	參照織圖	短針（包入形狀保持材）
	11	150針	加6針	
	10	144針	不加減針	
	9	144針	每段加6針	
	8	138針		
	7	132針		
	6	126針	不加減針	
	5	126針	每段加6針	
	4	120針		
	3	114針		
	2	108針	加12針	
	1	96針	減32針	
帽冠	2	128針	不加減針	花樣編
	1	128針	加32針	
	20～24	96針	不加減針	短針
	19	96針	加6針	
	17～18	90針	不加減針	
	16	90針	加6針	
	15	84針	不加減針	
	14	84針	每段加6針	
	13	78針		
	12	72針	不加減針	
	11	72針	每段加6針	
	10	66針		
	9	60針		
	8	54針		
	7	48針		
	6	42針		
	5	36針		
	4	30針		
	3	24針		
	2	18針		
	1	織入12針		

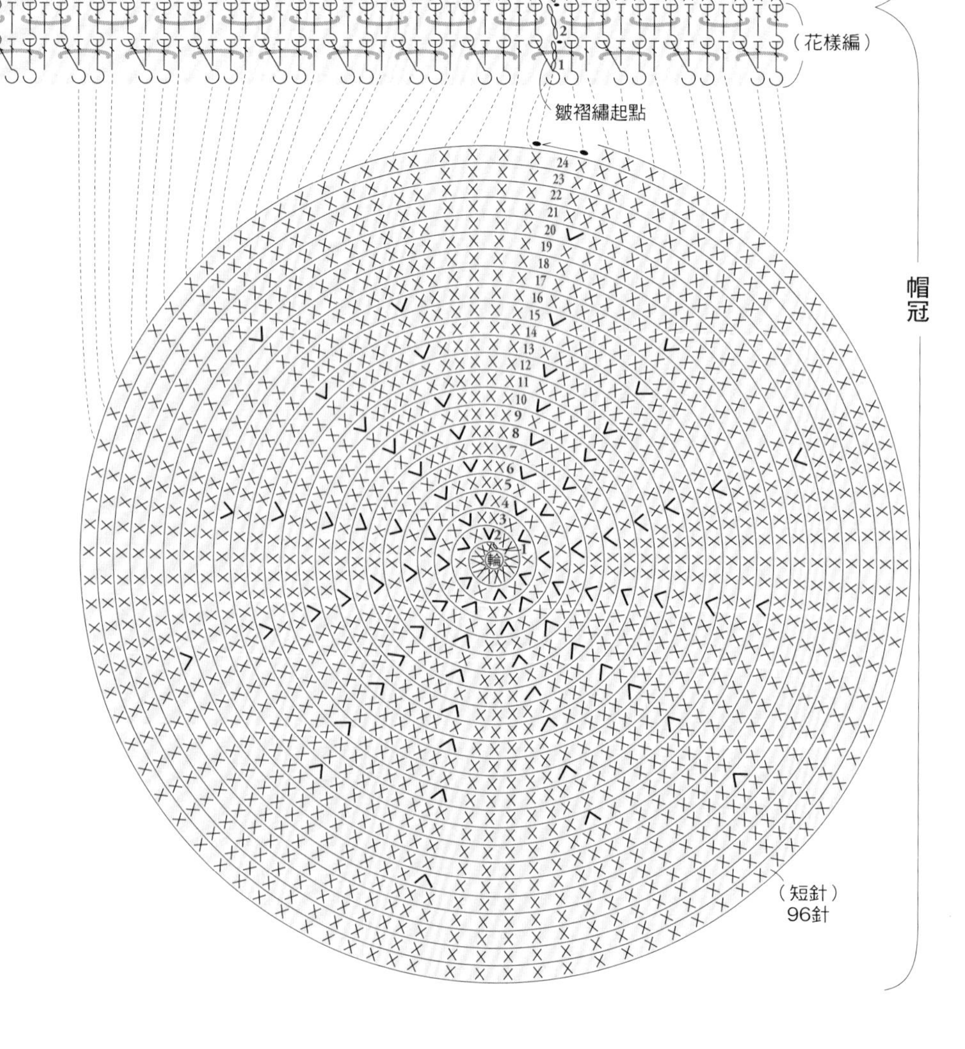

9. 成人款

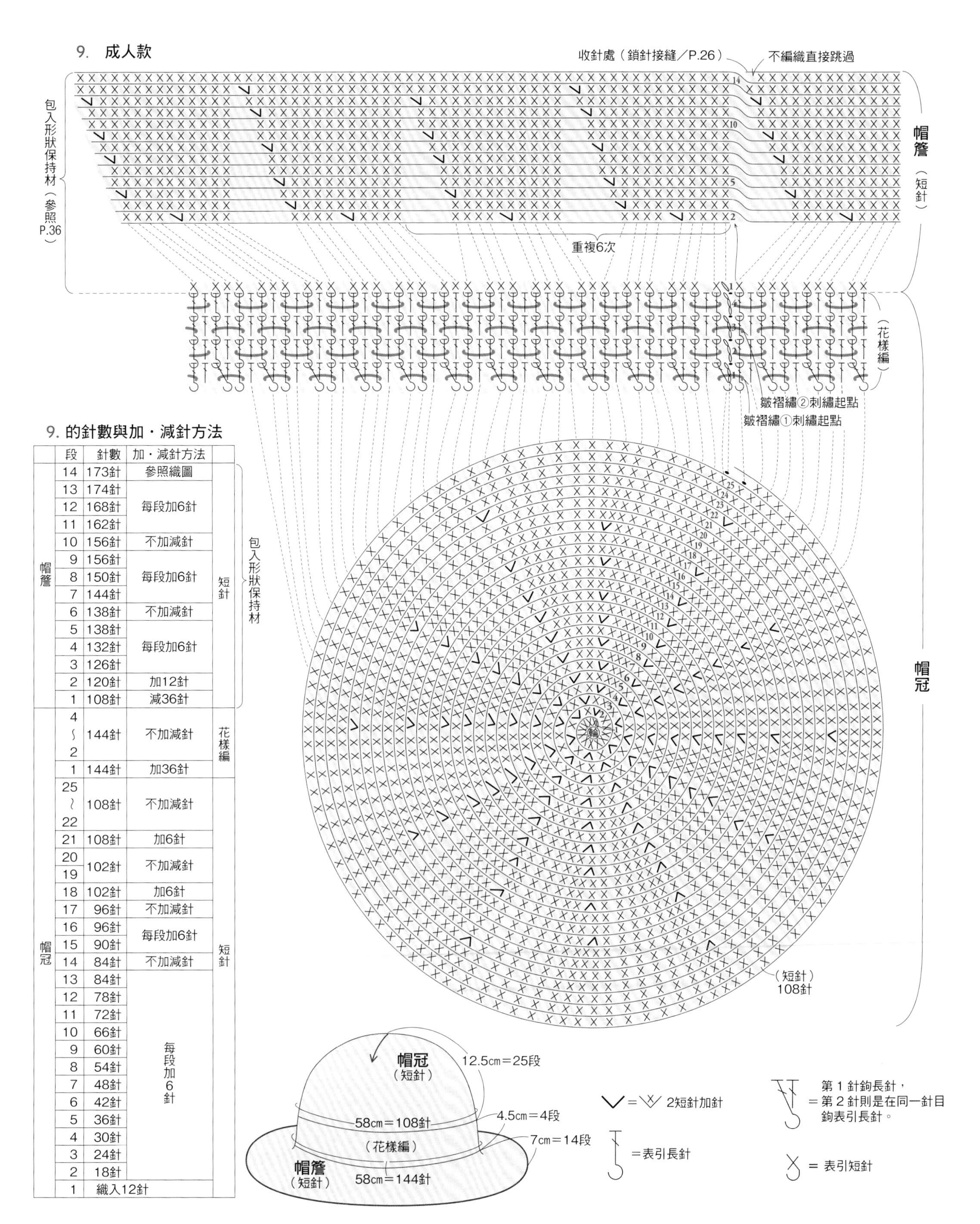

9. 的針數與加・減針方法

	段	針數	加・減針方法	
帽簷	14	173針	參照織圖	短針（包入形狀保持材）
	13	174針	每段加6針	
	12	168針		
	11	162針		
	10	156針	不加減針	
	9	156針	每段加6針	
	8	150針		
	7	144針		
	6	138針	不加減針	
	5	138針	每段加6針	
	4	132針		
	3	126針		
	2	120針	加12針	
	1	108針	減36針	
帽冠	4～2	144針	不加減針	花樣編
	1	144針	加36針	
	25～22	108針	不加減針	短針
	21	108針	加6針	
	20	102針	不加減針	
	19			
	18	102針	加6針	
	17	96針	不加減針	
	16	96針	每段加6針	
	15	90針		
	14	84針	不加減針	
	13	84針	每段加6針	
	12	78針		
	11	72針		
	10	66針		
	9	60針		
	8	54針		
	7	48針		
	6	42針		
	5	36針		
	4	30針		
	3	24針		
	2	18針		
	1	織入12針		

皺褶繡的繡法

以10.兒童帽款進行解說。由於是以帽簷朝向自己的方向進行刺繡，因此請將P.40、P.41的織圖倒過來參閱。

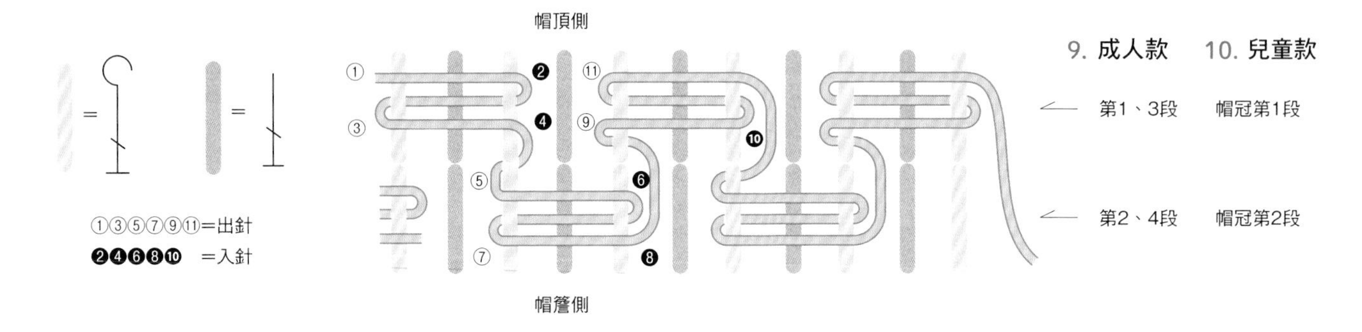

❶ 帽簷朝向自己。毛線針穿線，依上圖進行皺褶繡。從①出針，❷入針，再由③出針。僅挑縫「表引長針」，勿挑縫長針。

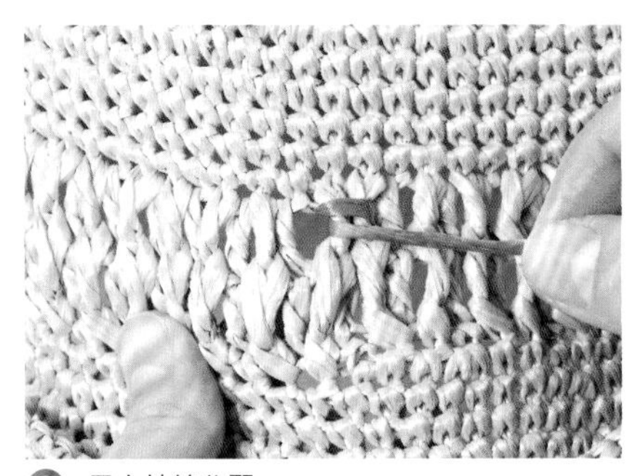

❷ 用力拉線收緊。

❸ 從❹入針，再由⑤出針。

❹ 從❻入針，再由⑦出針，拉線收緊。

❺ 從❽入針，再由⑨出針。如此為一輪。

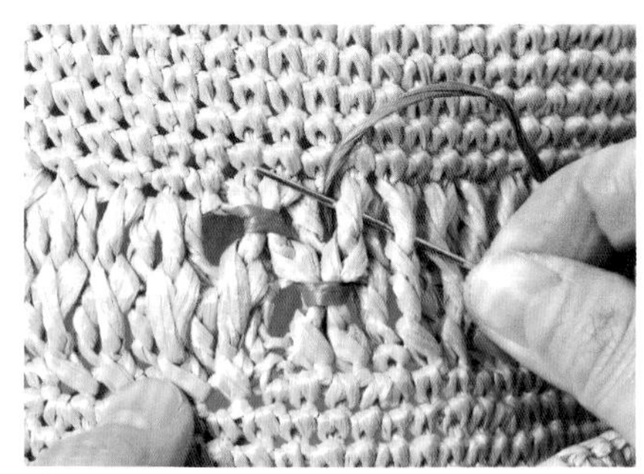

❻ 接著同步驟❶的方式，從❿入針，再由⑪出針。

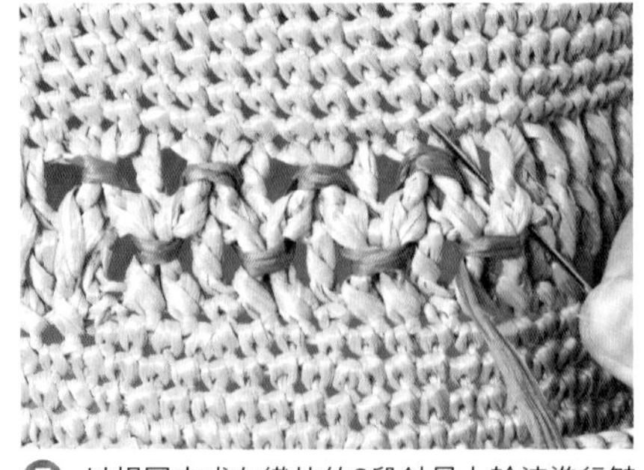

❼ 以相同方式在織片的2段針目上輪流進行皺褶繡。

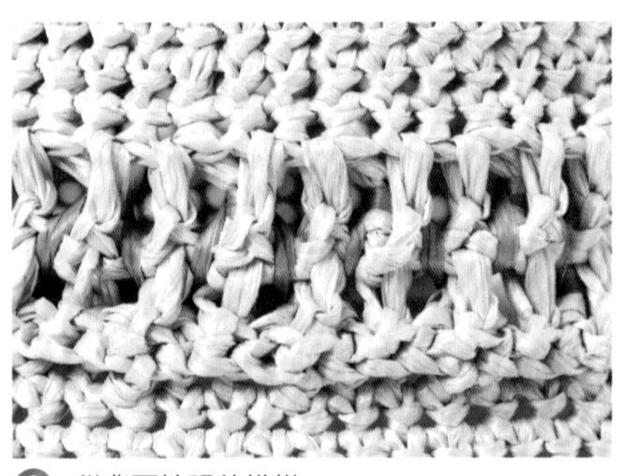

❽ 從背面檢視的模樣。

❾ 繡縫1圈皺褶繡的模樣。9.則是以相同方式，再繡縫另外2段的皺褶繡。

王冠髮箍 …Photo　P.18

17.

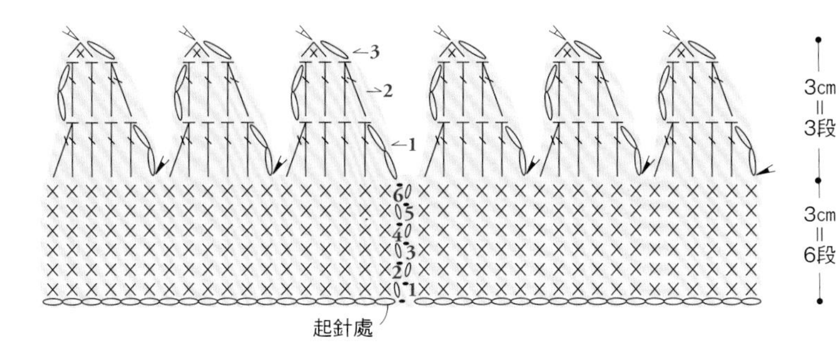

20cm＝鎖針起針36針，連接成環。

= 接線
= 剪線

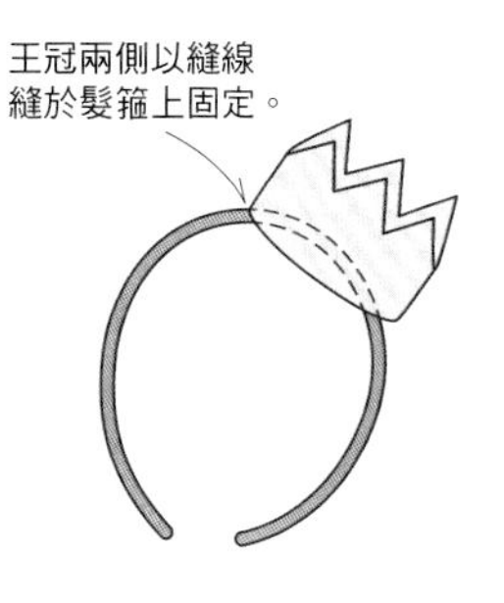

● **準備材料**

線材　Hamanaka Eco Andaria（40g／球）
金色（172）10g

鉤針　Hamanaka Ami Ami樂樂雙頭鉤針4/0號

其他　髮箍（兒童款）

● **密度**　短針　18針＝10cm、6段＝3cm

● **尺寸**　參照織圖

● **織法**

取1條線編織。

鎖針起針36針，頭尾連接成環，以往復編的短針鉤織6段。參照織圖，分別在指定位置上接線，鉤織3段。最後將王冠縫於髮箍上固定即可。

蝴蝶髮夾 …Photo　P.19

18.

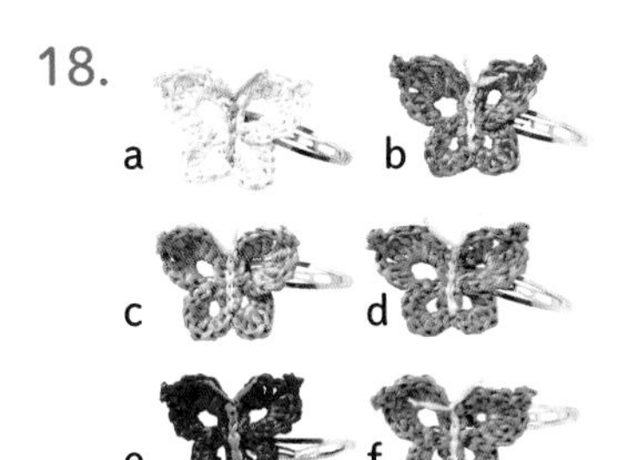

● **準備材料**

線材　Hamanaka Eco Andaria（40g／球）
A色　2g　B色　少許
※顏色名稱請參照配色表。

鉤針　Hamanaka Ami Ami樂樂雙頭鉤針6/0號

其他　三角髮夾　長6cm　1個

● **密度**　長針　1段＝1.5cm

● **尺寸**　參照織圖

● **織法**

取1條線編織。

繞線成圈作輪狀起針，參照織圖以A色鉤織2段，接著在中央以B色鉤織引拔針。收針處參照織圖接線，作出觸鬚。在背面縫上髮夾即可完成。

本體　A色

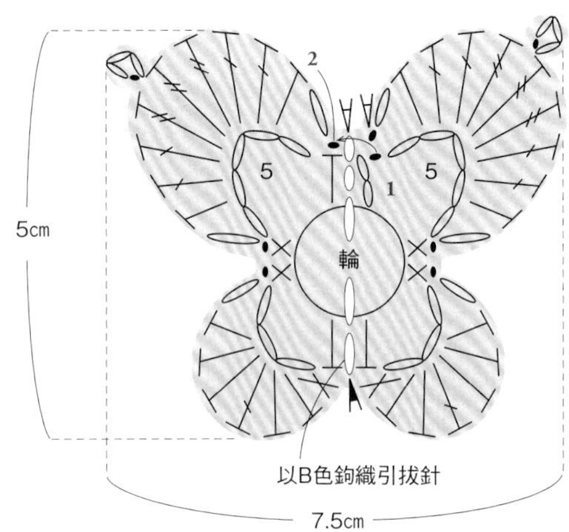

= 3鎖針的結粒針（P.74）
= 接線
= 剪線

配色

	A色	B色
a	象牙白（168）	芥末黃（19）
b	復古粉（71）	象牙白（168）
c	芥末黃（19）	象牙白（168）
d	復古藍（66）	象牙白（168）
e	紅色（37）	復古藍（66）
f	復古綠（68）	象牙白（168）

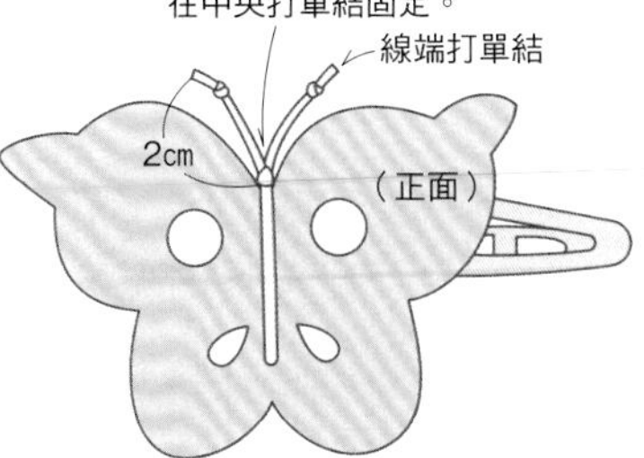

背面

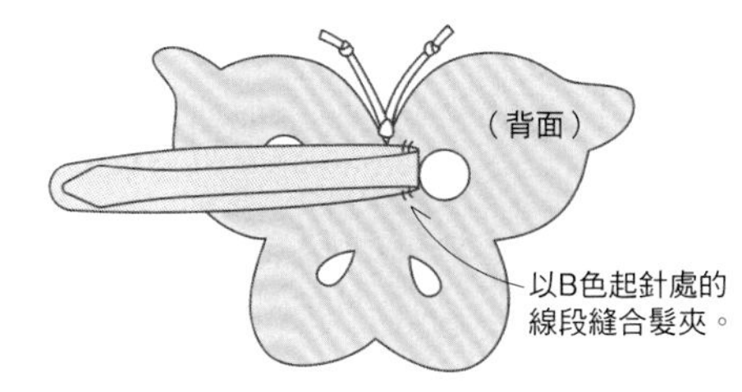

鏤空花樣鐘形帽 …Photo P.13

●準備材料

線材 Hamanaka Eco Andaria《Crochet》（30g／球）
11.棕色（804）60g 12.淺駝色（803）60g

鉤針 Hamanaka Ami Ami樂樂雙頭鉤針3/0號

●密度 花樣編A 28.5針＝10cm、2組花樣（4段）＝3cm
花樣編B 28.5針＝10cm、9段＝6cm

●尺寸 頭圍56cm

●織法

取1條線編織。
繞線成圈作輪狀起針，參照織圖以花樣編A一邊加針一邊鉤織帽頂，接著以花樣編B鉤織帽簷。鉤織裝飾繩，以同色線在帽冠左右兩側各縫一處固定（P.27步驟㊺、㊻），在後方中央打上蝴蝶結即完成。

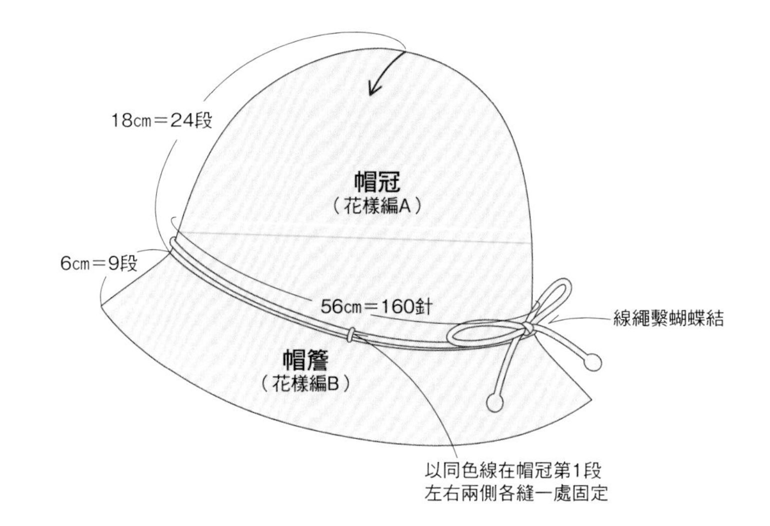

帽冠的花樣數與加針方法

段	花樣數	加針方法
12～24	32組花樣（偶數段160針）	不加減針
11	32組花樣	加4組花樣
10	28組花樣（140針）	不加減針
9	28組花樣	加4組花樣
8	24組花樣（120針）	不加減針
7	24組花樣	加4組花樣
6	20組花樣（100針）	不加減針
5	20組花樣	加8組花樣
4	12組花樣（60針）	不加減針
3	12組花樣	加4組花樣
2	8組花樣（40針）	加24針
1	織入16針	

裝飾繩

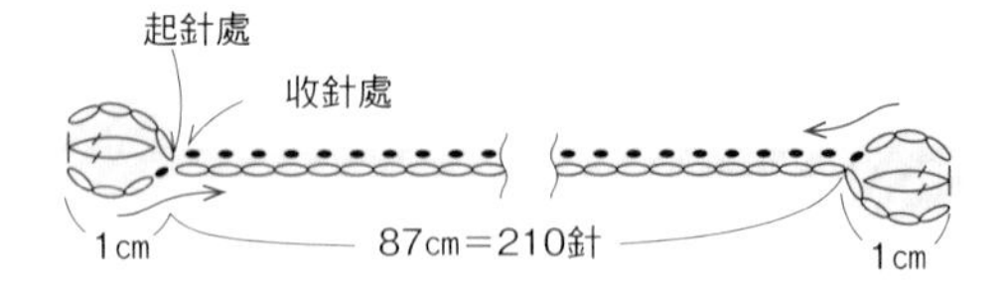

花樣編A 起針處

花樣編A

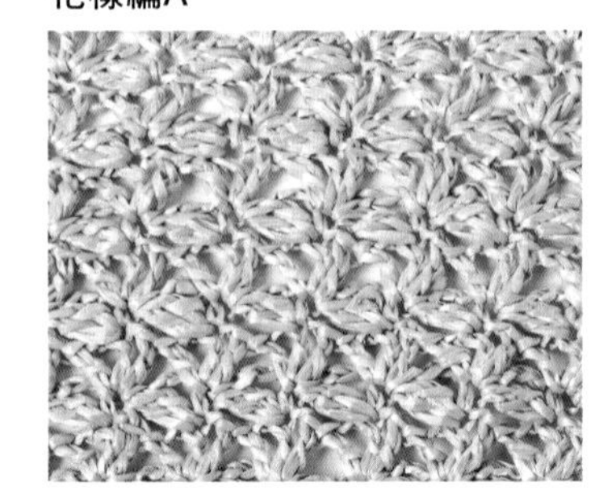

花樣編B

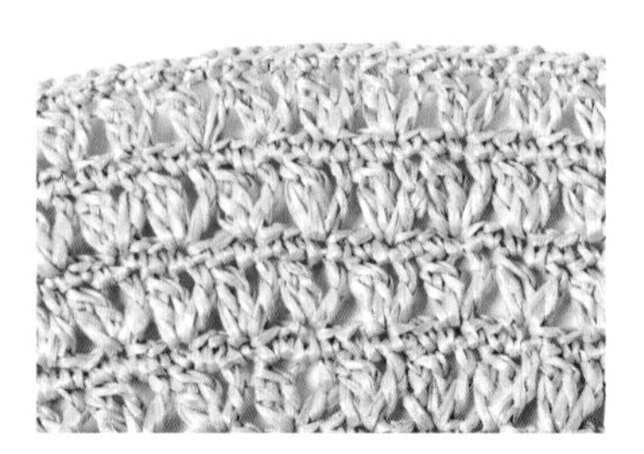

繩端

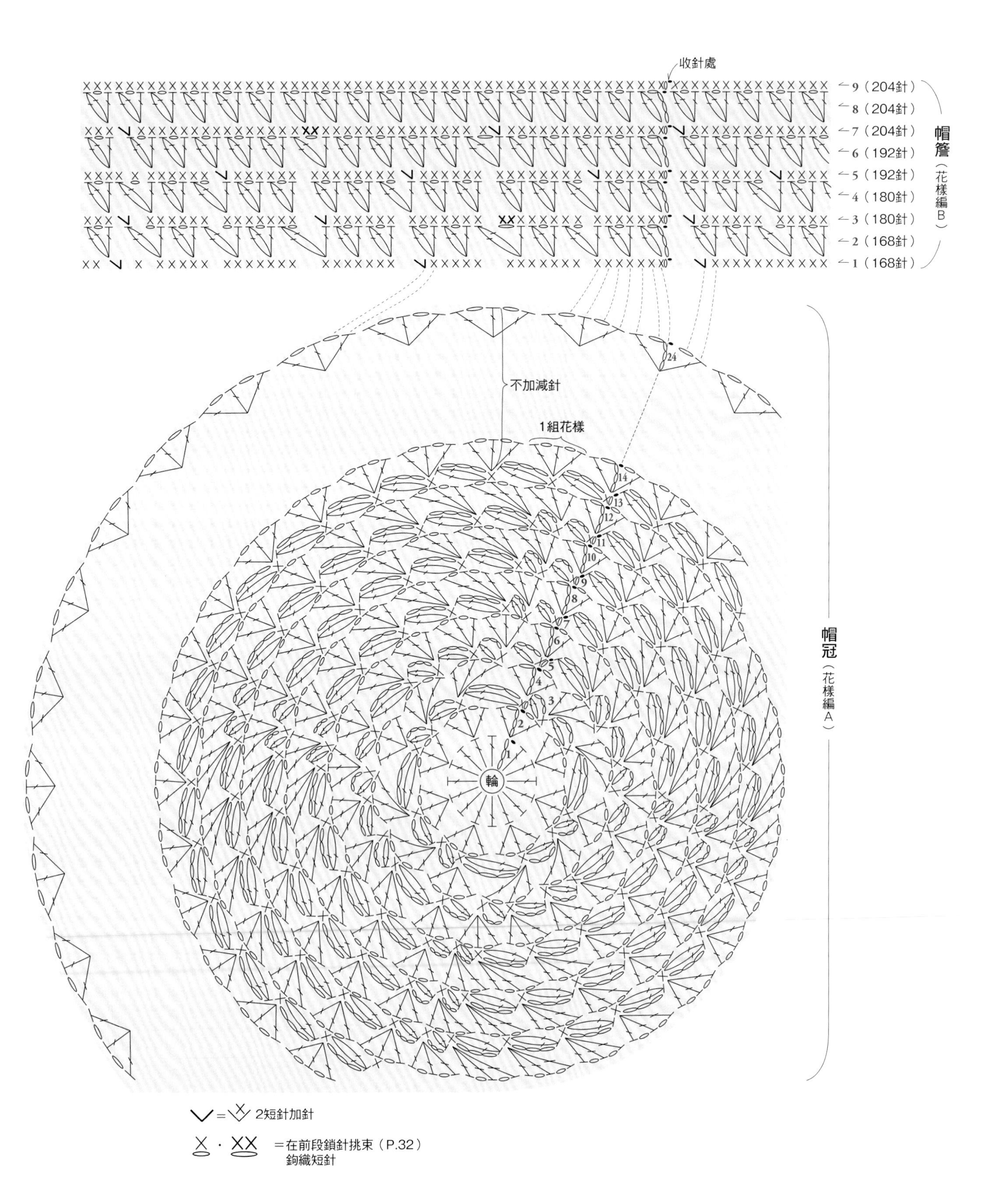

收針處
9（204針）
8（204針）
7（204針）
6（192針）
5（192針）
4（180針）
3（180針）
2（168針）
1（168針）
帽簷
（花樣編B）
不加減針
1組花樣
輪
帽冠
（花樣編A）
=2短針加針
=在前段鎖針挑束（P.32）
鉤織短針

松編手織帽 …Photo P.14

13.

14.

準備材料

線材 Hamanaka Eco Andaria（40g／球）
砂棕色（169）
13.［兒童款］80g 14.［成人款］120g

鉤針 Hamanaka Ami Ami樂樂雙頭鉤針5/0號

密度 短針 19針20段＝10cm平方

尺寸 13.［兒童款］頭圍51cm 高15cm
14.［成人款］頭圍55cm 高17cm

織法

取1條線編織。
繞線成圈作輪狀起針，織入7針短針。參照織圖，自第2段開始一邊加針一邊以短針鉤織帽頂、帽冠。
接續以花樣邊鉤織帽簷，並且在4個指定位置鉤織穿繩孔。鉤織裝飾繩，繞兩圈之後，在後側中央繫上蝴蝶結即完成。

13. 兒童款

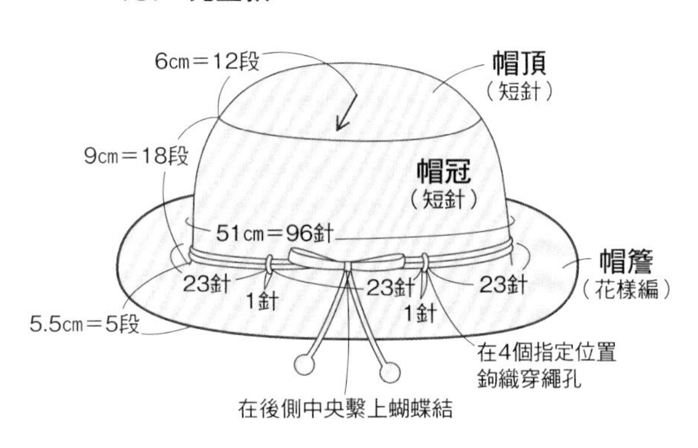

14. 成人款

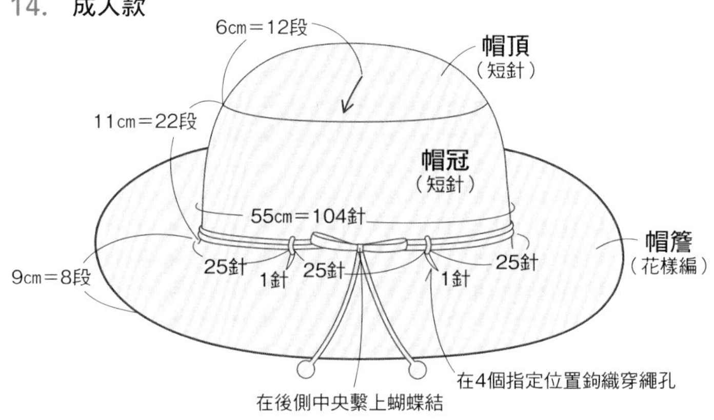

13. 的針數與加針方法

	段	針數	加針方法
帽簷	2～5	24組花樣	參照織圖
	1	24組花樣	
帽冠	9～18	96針	不加減針
	8	96針	加6針
	4～7	90針	不加減針
	3	90針	加6針
	1～2	84針	不加減針

帽頂織法同14. 成人帽款。

＝ 3鎖針的結粒針（P.74）

13. 兒童款

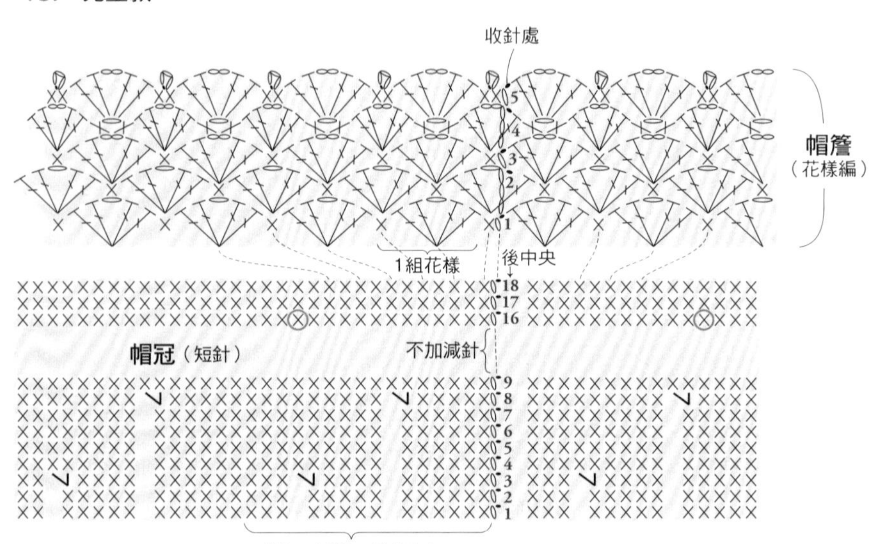

14. 成人款

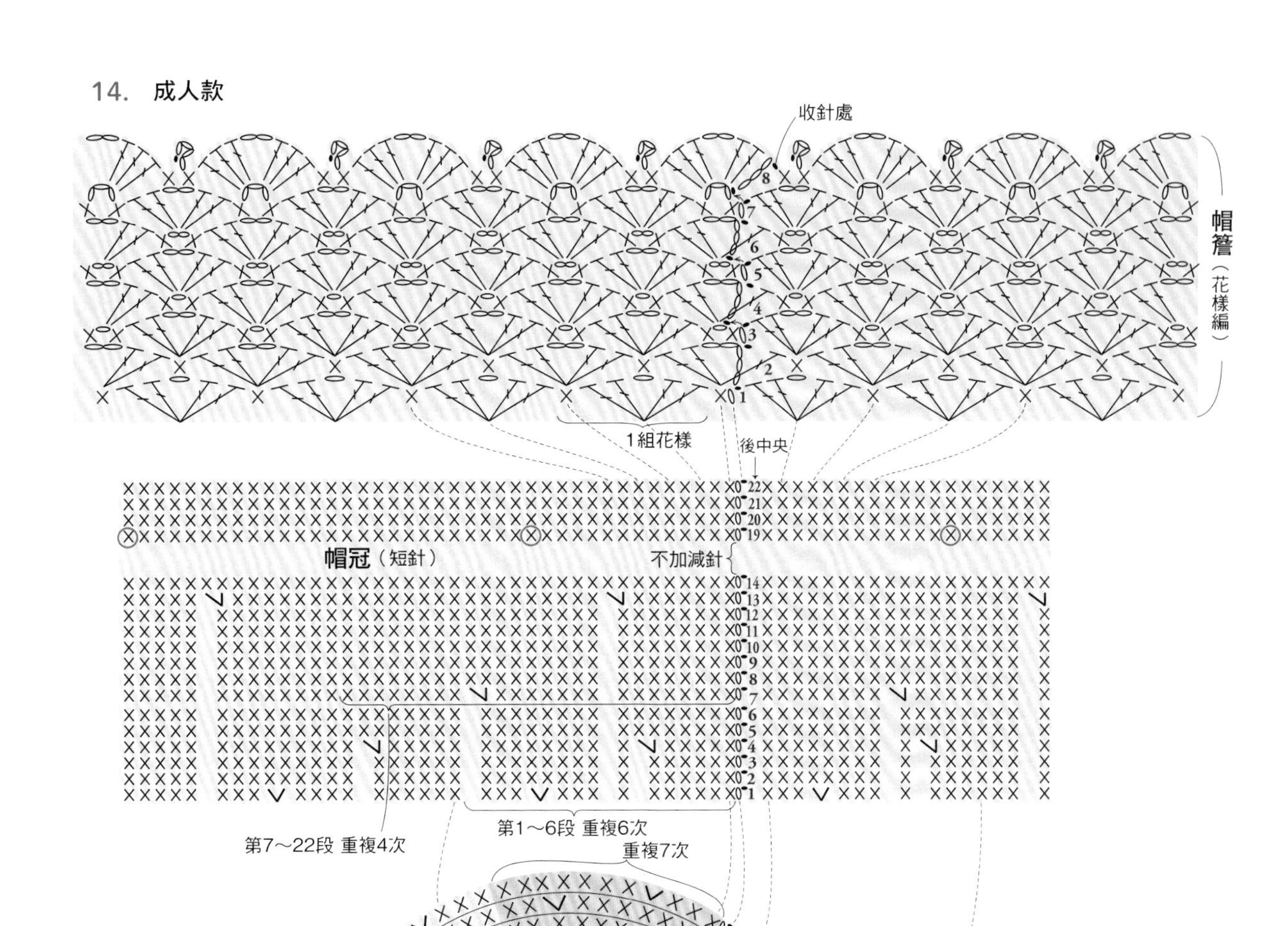

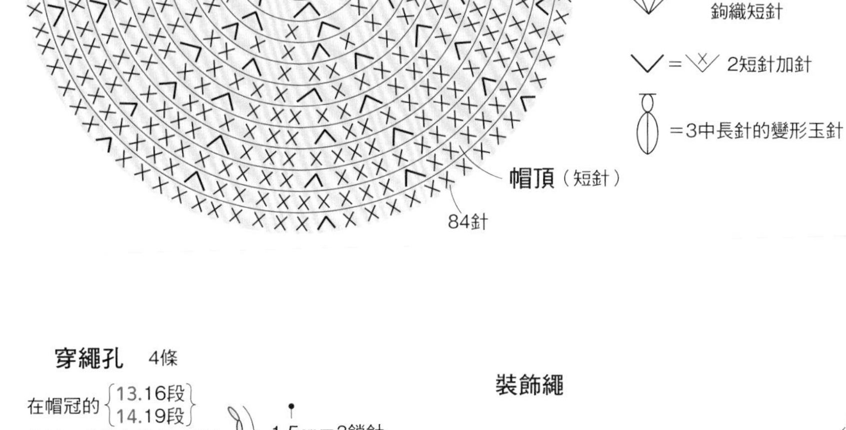

14.的針數與加針方法

	段	針數	加針方法
帽簷	2～8	26組花樣	參照織圖
	1	挑26組花樣	
帽冠	14～22	104針	不加減針
	13	104針	加4針
	8～12	100針	不加減針
	7	100針	加4針
	5～6	96針	不加減針
	4	96針	加6針
	2～3	90針	不加減針
	1	90針	加6針
帽頂	12	84針	每段加7針
	11	77針	
	10	70針	
	9	63針	
	8	56針	
	7	49針	
	6	42針	
	5	35針	
	4	28針	
	3	21針	
	2	14針	
	1	織入7針	

穿繩孔 4條

在帽冠的{13.16段 / 14.19段}接線，鉤織起點見（⊗）

1.5cm＝3鎖針

在帽冠的{13.18段 / 14.21段}鉤引拔針後，剪線。

裝飾繩

Eco Andariaの豆知識

取用織線的方法

將Eco Andaria置於袋子中，也不需拆開標籤，直接抽取線球中央的線端來使用。一旦拆開標籤，織線就會逐漸鬆開散落，請務必留意。

織法

使用Eco Andaria編織時，織片會隨之產生捲曲的情況。或許會陷入「織法是不是不太對？」的不安感，然而請不必擔心，繼續編織吧！只要以蒸汽熨斗在距離織片2至3cm處整燙，即可產生效果驚人的平整外觀。建議編織至一定程度時，先以蒸氣熨斗整燙，使針目整齊，即可愉快地繼續進行。

拆解的Eco Andaria處理方法

因編織錯誤而拆解的Eco Andaria，歪七扭八的織線就算直接使用，也無法作出整齊的針目。這時只要以蒸汽熨斗在距離織線的2至3cm處整燙，線材就會開始伸直，隨之恢復原狀。僅拆開數針時，以手指用力拉直即可。

作品的修飾方法

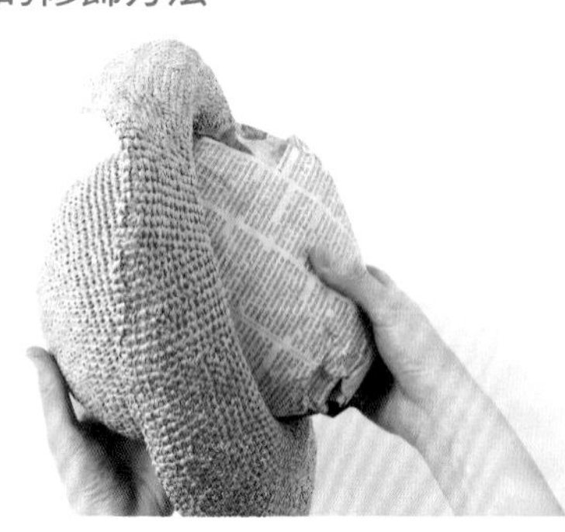

編織完成的作品，以報紙或毛巾等物填塞至帽子或包包中，在距離織片２至３cm處以蒸氣熨斗整燙。整燙塑型後，請將作品靜置到完全乾燥，即可完成美麗的作品。最後只需噴上P.4介紹的定型防塵膠，便能確實維持作品的形狀。也可拿去店家乾洗喔！

關於斜行

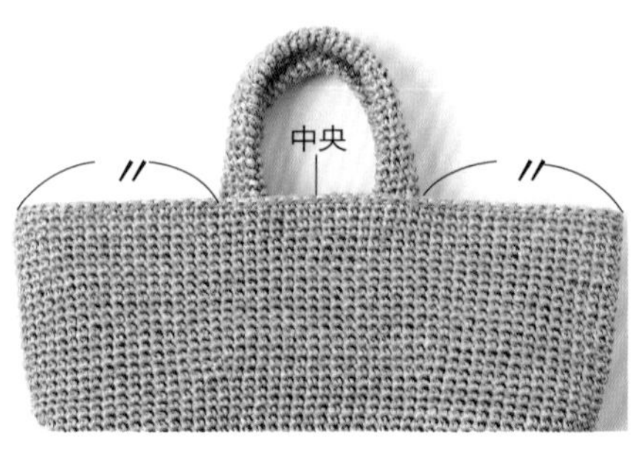

隨著輪編的進行，針目會逐漸一點一點地傾斜，稱之為「斜行」。即便是經驗老到的編織者也會經常發生的情況，因此不必太過在意。然而，因為立起針的針目錯開之故，所以在接縫提把時，就必須特別留意了。當計算立起針開始的針數，而打算接縫上去時，由於斜行的關係，就有可能導致接縫2條提把的位置不一致的情形發生。不需拘泥於針數，不妨將織好的主體對摺之後，再對齊2條提把的位置加以接縫即可。

Eco Andaria的包包　BAG & POCHETTE

此單元分為成人款的大型包，與兒童款的小型包。但是，若將兒童包款當成大人款的迷你包包來使用，也相當有型好看。提把的長度或顏色等，請依個人喜好享受自由組合的樂趣。

※兒童款含背帶的小肩包，請特別留意盡量避免於公園等處玩耍時配戴，以免發生危險。

LADIES BAG

19.··· P.50／76···

21.···P.52／66···

24.···P.54／85···

25.···P.55／82···

26.···P.56／80···

27.··· P.57／90···

30.···P.59／74···

31. 32.···P.60／86···

34.···P.61／89···

KIDS BAG & POCHETTE

20.··· P.51／62···

22.···P.52／66···

23.···P.53／79···

28.··· P.57／90···

29.···P.58／70···

33.···P.61／88···

交叉短針馬爾歇包

將短針與「交叉短針」鉤織成條紋狀的包包。
呈現出立體感的短針交叉針目，雖然簡單卻給人頗具技巧的印象。

how to make … P.76
design … 橋本真由子
yarn … Hamanaka Eco Andaria

＊Lesson作品

北極熊小肩包

萌萌表情惹人憐愛的北極熊小肩包。
藉由調整前、後片的段數來鉤織，
使正面的鼻子部分自然鼓起。

how to make … P.62
design … Ronique
yarn … Hamanaka Eco Andaria

20.

*Lesson作品

水玉花漾馬歇爾包

鉤織許多小巧圓潤的水玉織片接縫在包包上，原本簡單的馬爾歇包立即流露時尚氛圍。
水玉織片不妨選擇自己喜愛的顏色，試著製作出世界上唯一的包包吧！

how to make … P.66
design … すぎやまとも
making … 甲斐直子
yarn … Hamanaka Eco Andaria

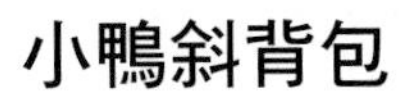

小鴨斜背包

天氣晴朗的日子，總是隨身攜帶有著尖尖嘴巴的小鴨一起散步。
只要選用淺駝色來鉤織，就不會顯得太過孩子氣，能長久使用。

how to make … P.79
design … すぎやまとも
yarn … Hamanaka Eco Andaria

雙線混色托特包

使用藏青色段染線與纖細《Crochet》雙線混織的包包，
絕妙的色彩變化獨具魅力。A4大小的文件也能輕鬆收納，是款使用便利的大型托特包。

how to make … P.85
design … 岡 まり子
making … 内海理恵
yarn … Hamanaka Eco Andaria《Colorful》、Eco Andaria《Crochet》

銀色馬爾歇包

以短針的引上針鉤織的包包。
由於是非常輕盈且針目密實的織片，
因此就算是大量採購的日子也毫無問題。
得以肩背的較長提把，同樣令人感到開心。

how to make … P.82
design … 城戶珠美
yarn … Hamanaka Eco Andaria

25.

口金迷你包

最適合夏天聚會使用的口金派對包。
可窺見底色的方眼織片，
勾勒出花朵的模樣。
亦適合初春少女外出時的包包。

how to make … P.80
design … 松本かおる
yarn … Hamanaka Eco Andaria

26.

花朵釦蓋馬爾歇包

將花樣織片製作成釦飾的時尚馬爾歇包。
較小的作品28.無論是作為大人的迷你包或是兒童包皆OK。
選擇粉金色的織線，即可營造華麗的印象。

how to make … P.90
design … 橋本真由子
yarn … Hamanaka Eco Andaria

＊Lesson作品

蝴蝶結小肩包

結合女孩們最喜歡的蝴蝶結＆亮麗粉紅小肩包。加上袋口處的緣編，更添可愛感。
蝴蝶結是直接鉤織在袋身主體上，因此得以完成簡潔俐落的外型。

how to make … P.70
design … 橋本真由子
yarn … Hamanaka Eco Andaria

29.

蝴蝶結大托特包

有著與作品 29. 相同蝴蝶結的長方形托特包。
加寬的袋口呈現出女性的柔美風格。
雖然是少女風的設計，但若以淺駝色鉤織，就不會過於甜美。
反而散發出成熟的可愛風情。

how to make … P.74
design … 橋本真由子
yarn … Hamanaka Eco Andaria

30.

涼夏雙色馬歇爾包

飽滿立體的玉針鉤織出魅力滿載的馬爾歇包。
藉由每一段交替配色的織法，
形成宛如格子的花樣織片。
夏天般的明亮色彩，是前往海邊出遊戲水的最佳配件。

how to make … P.86
design … 今村曜子
yarn … Hamanaka Eco Andaria

松編小肩包＆托特包

鉤織起來樂趣十足的松編小肩包＆托特包。
尺寸適中，方便放入書籍或文件資料的托特包，
亦可當成公事包來使用。
兒童款的小肩包，
則是添加了可愛的花朵織片。

how to make … 33. P.88　34. P.89
design … 岡 まり子
yarn … Hamanaka Eco Andaria

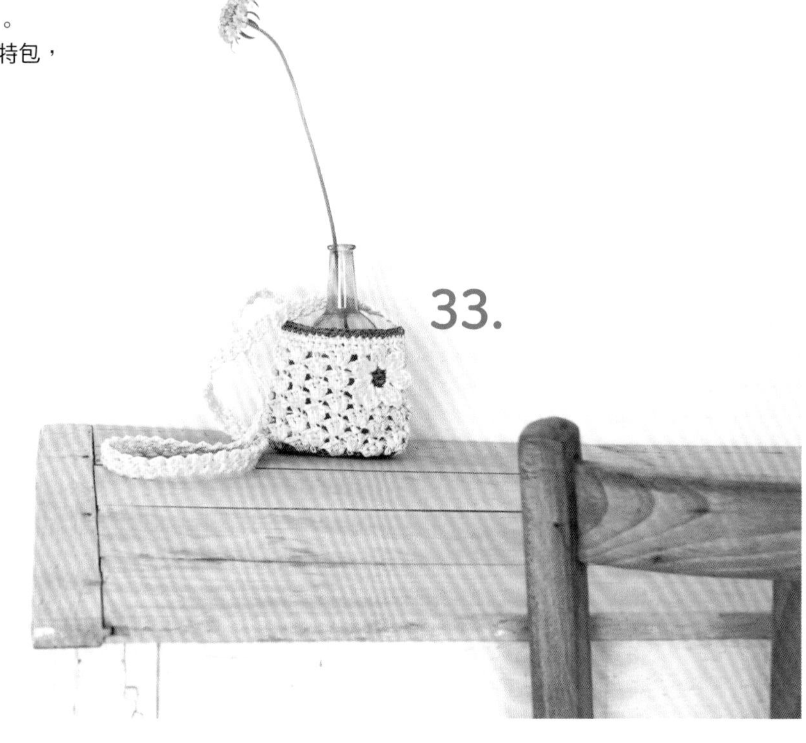

33.

34.

＊Lesson作品

北極熊小肩包 …Photo P.51

20.

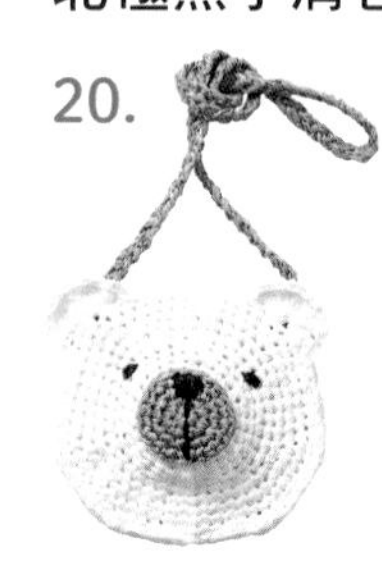

●準備材料

線材 Hamanaka Eco Andaria（40g／球）

白色（1）30g　淺駝色（23）10g　黑色（30）少許

鉤針 Hamanaka Ami Ami樂樂雙頭鉤針7/0號

●**密度** 短針 11段=6.5cm

●**尺寸** 參照織圖

●**織法**

取1條線編織。

袋身前片、後片、小熊吻部皆繞線成圈作輪狀起針，參照織圖一邊加針一邊以短針鉤織。先將吻部縫於前片，前片與後片背面相對疊合後，沿邊緣鉤織引拔針併縫，並鉤織耳朵。袋口僅前片鉤織引拔針。繡縫眼睛、鼻子。背帶是以鎖針鉤織3條繩子，再以三股編編成一條，最後縫於耳朵背面固定。

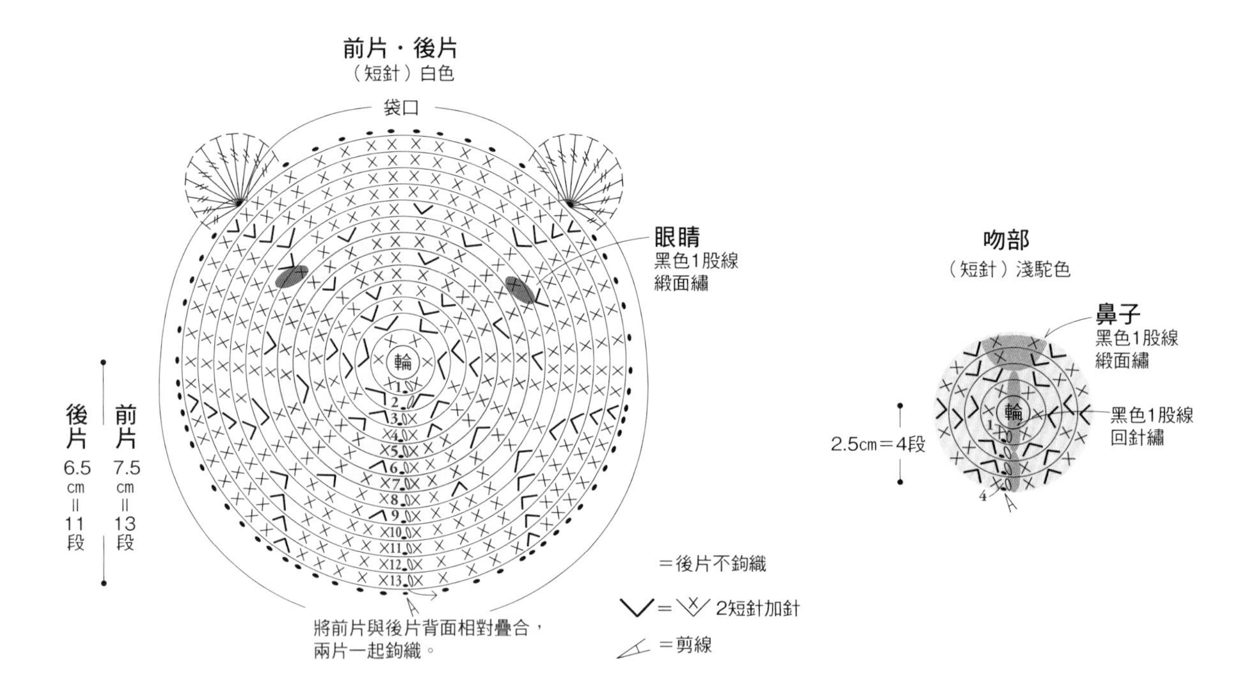

前・後片針數與加針方法

前片・段	針數	加針方法	後片・段
13	66針	每段加6針	11
12	60針		10
11	54針		9
10	48針		8
9	42針		7
8	36針		6
7	30針	不加減針	
6	30針	加6針	5
5	24針	不加減針	
4	24針	每段加6針	4
3	18針		3
2	12針		2
1	織入6針		1

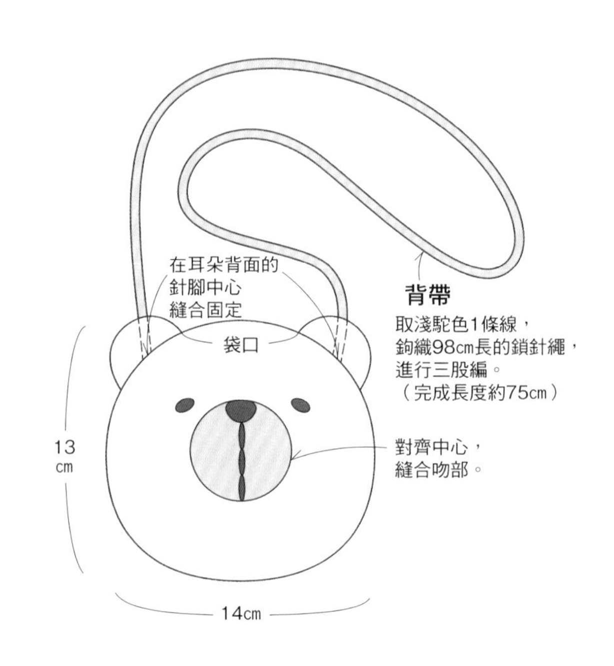

20. 北極熊小肩包的織法

為了更淺顯易懂，因此部分示範改以不同色線進行。

鉤織零件

❶ 前片，參照P.23繞線成圈作輪狀起針，織入6針短針。

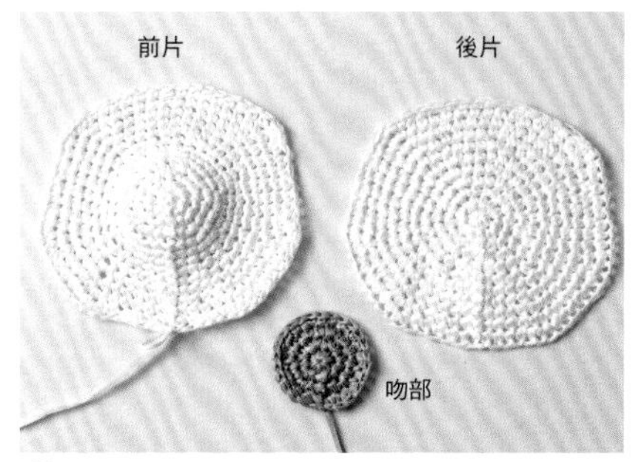

❷ 後片與吻部以相同方式起針，分別參照P.62的織圖，一邊加針一邊鉤織。後片先進行線端的藏線。

接縫吻部

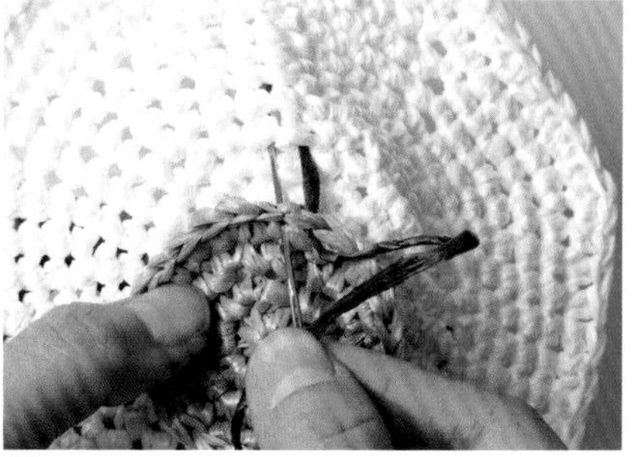

❸ 對齊前片與吻部的中心處。毛線針穿入吻部最終段的短針針頭與針腳之間。

❹ 依平針縫的要領，一針一針縫合固定。

❺ 完成吻部的接縫。

縫合前片與後片

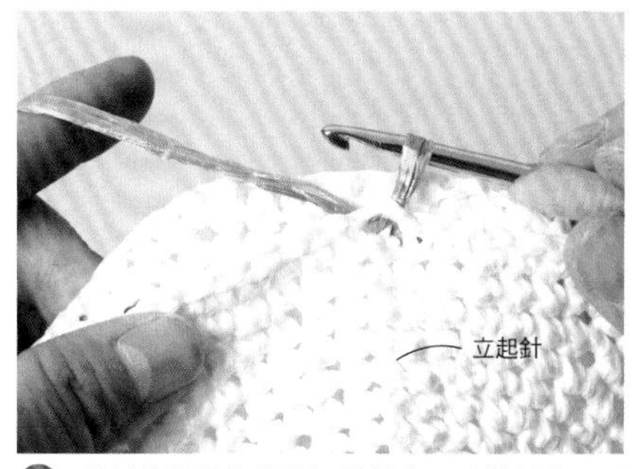

❻ 將前片與後片背面相對疊合，看著前片，以收針處的織線鉤織。

（引拔針）●

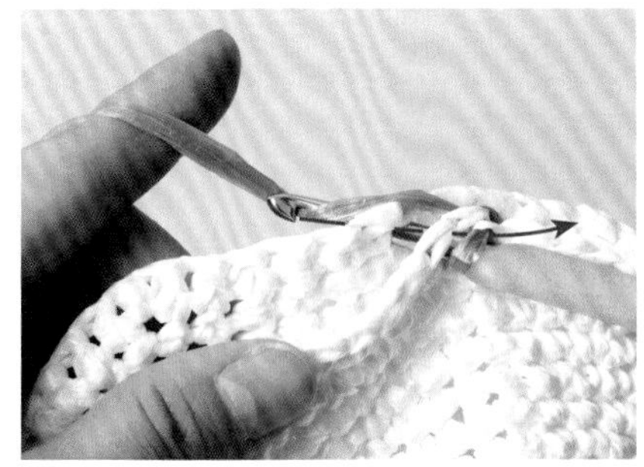

❼ 鉤針穿入兩織片，掛線後一次引拔。

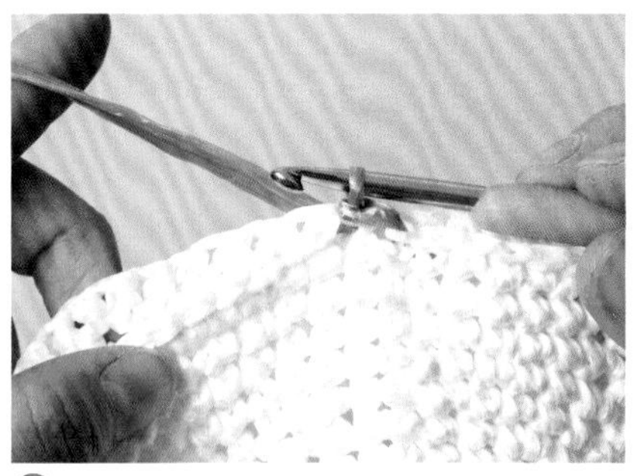

❽ 引拔完成的模樣（＝引拔針）。

❾ 每1針中鉤織1針引拔針。

❿ 完成22針引拔針後，開始鉤織耳朵。

鉤織耳朵（長長針）

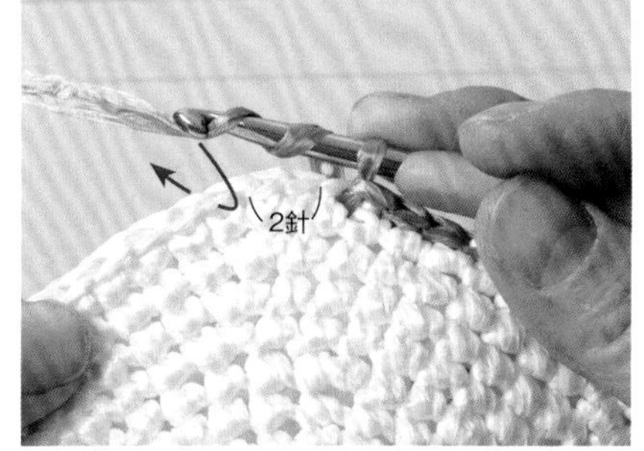

⓫ 鉤針掛線2次，跳過前段的2針短針，再穿入鉤針。

POINT*

鉤針一次穿入兩織片。

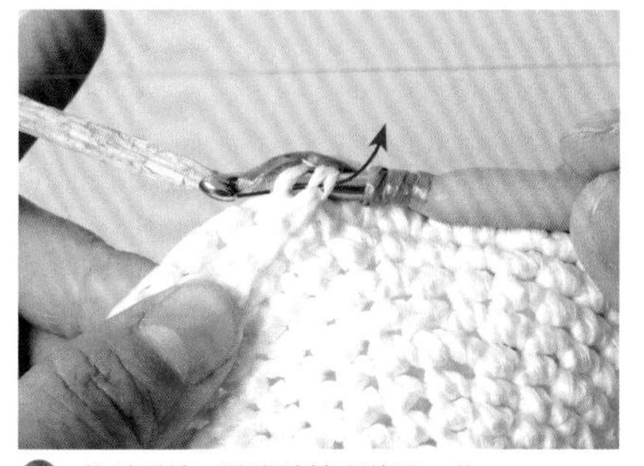

⓬ 鉤針掛線，將織線拉出稍長一些。

⑬ 鉤針掛線，引拔針上前2個線圈。

⑭ 鉤針再次掛線，同樣引拔前2個線圈。

⑮ 鉤針掛線，引拔最後2個線圈。

⑯ 完成1針「長長針」。

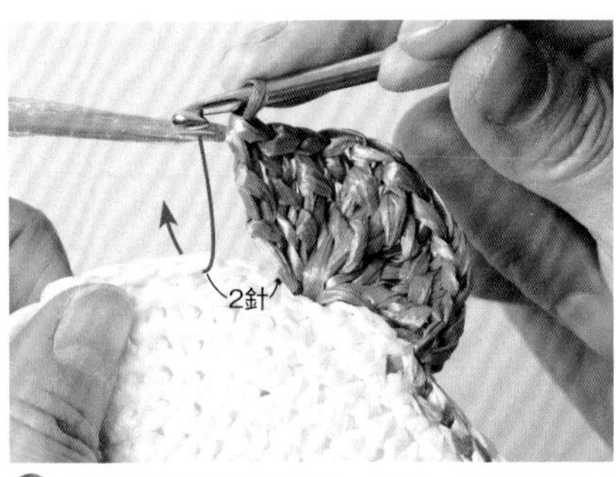

⑰ 重複P.63步驟⑪至⑯，在同一針目鉤織11針。接著，跳過前段的2針短針，僅在前片鉤引拔針。

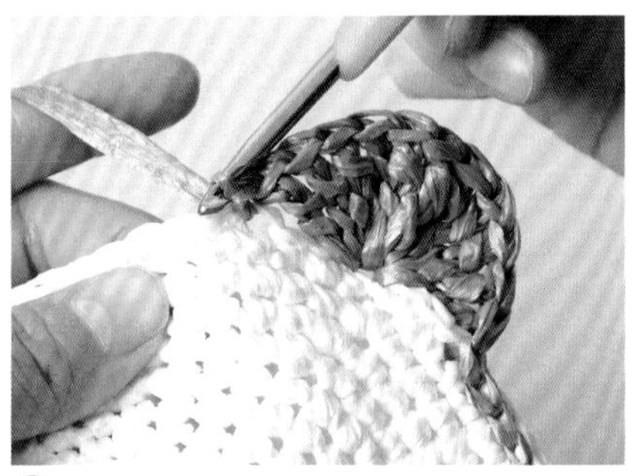

⑱ 引拔完成的模樣。完成耳朵。

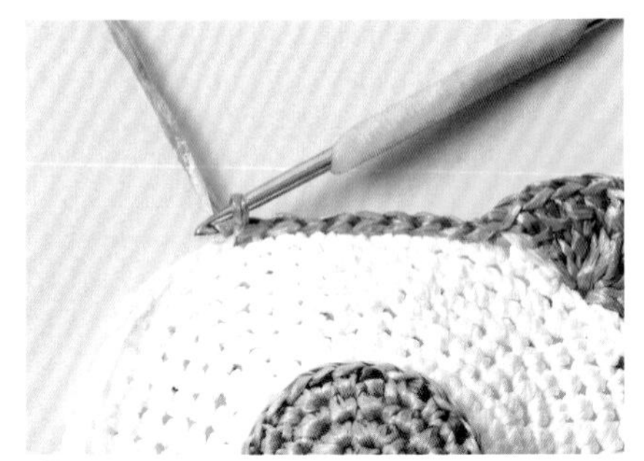

⑲ 袋口，僅在前片鉤10針引拔針。

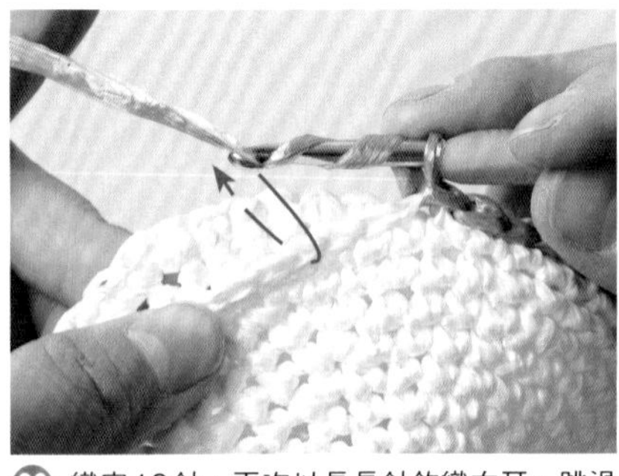

⑳ 織完10針，再次以長長針鉤織右耳。跳過前段的2針短針，鉤針一次穿入兩織片。

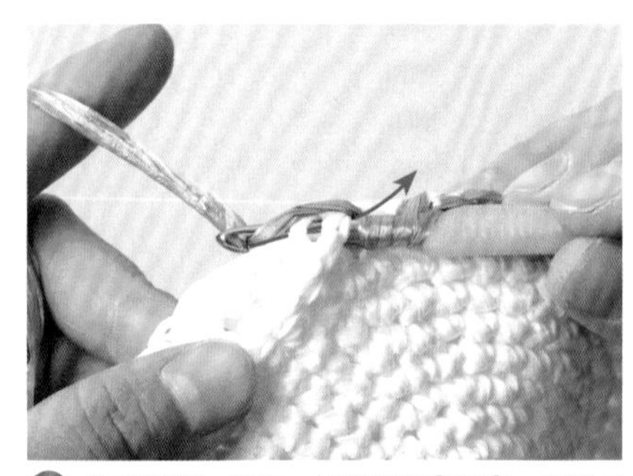

㉑ 鉤針掛線，鉤出。重複步驟⑪至⑯，鉤織長長針。

㉒ 織入11針，依步驟⑰、⑱的要領鉤引拔針。接下來的針目都是兩織片一起鉤引拔針。

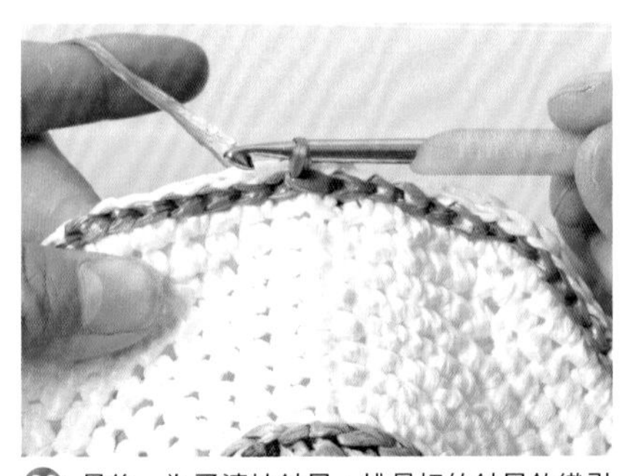

㉓ 最後，為了連接針目，挑最初的針目鉤織引拔，依P.32步驟㉘的要領進行藏線。

㉔ 織完一段，前片與後片併縫完成的模樣。

繡縫眼睛與鼻子

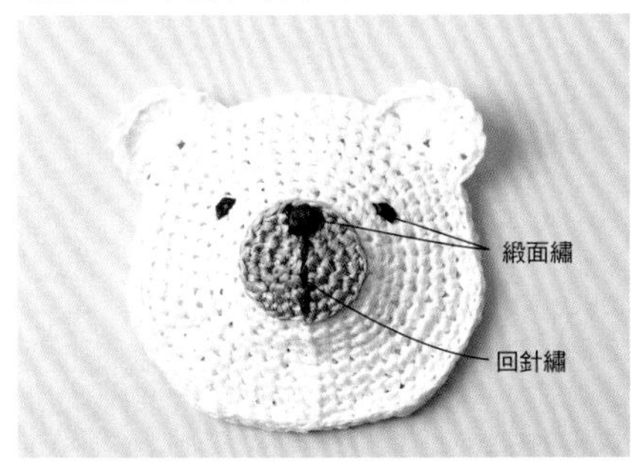

㉕ 眼睛與鼻子是取黑色1股線，進行緞面繡與回針繡。

POINT*
雖然可以在併縫前、後片之前進行刺繡，不過，先鉤織耳朵再刺繡的方式，會比較容易掌握臉部五官的協調。

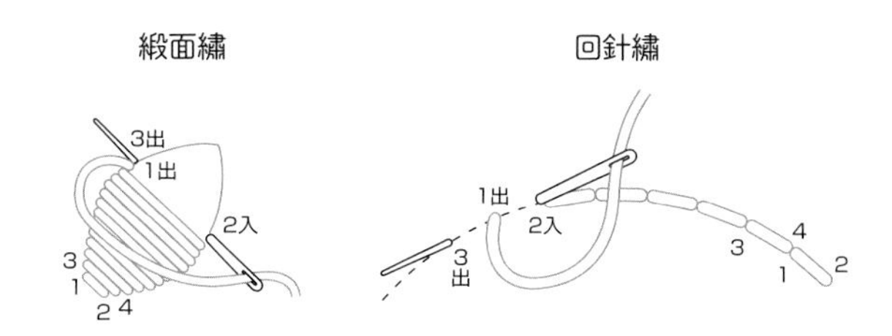

背帶的鉤織 & 縫合

㉖ 兩側線端預留約15cm長，取淺駝色1條線，鉤織3條98cm長的鎖針繩。

㉗ 參照下圖進行三股編。

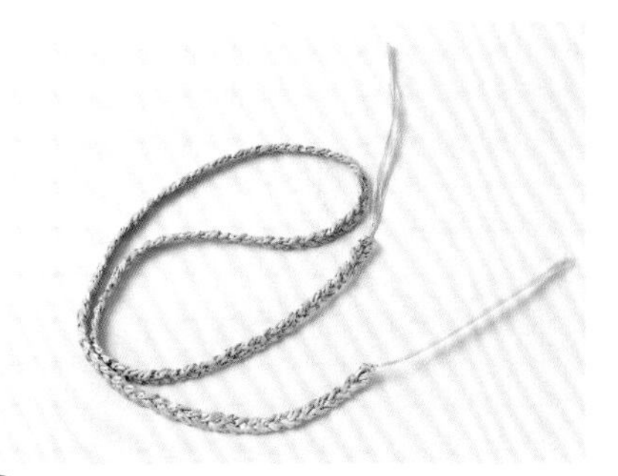

㉘ 三股編完成的模樣，完成長度約75cm。兩端線頭不處理，直接留下即可。

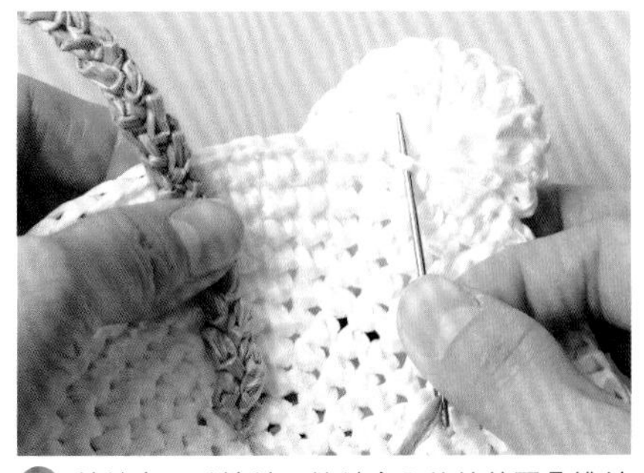

㉙ 線端穿入毛線針。縫針穿入後片的耳朵挑針處，縫合背帶。

㉚ 將線端穿入背帶側邊的針目裡，進行收針藏線，再以相同方式縫合另一側。

㉛ 完成！

三股編的編法

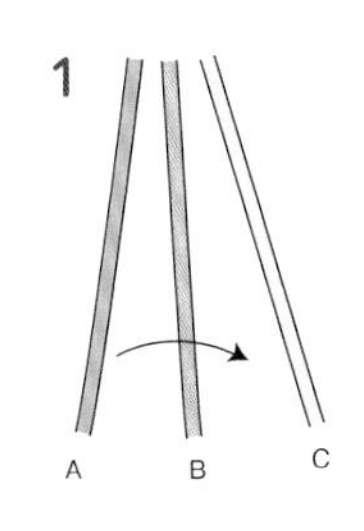

將A置於B與C之間。

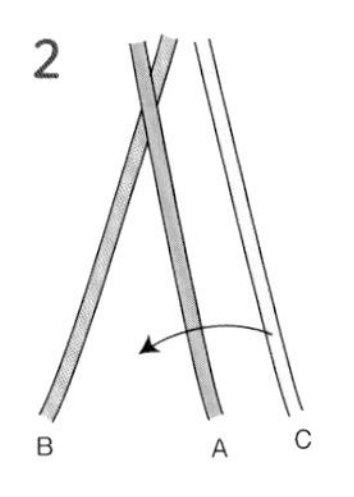

將C置於B與A之間。

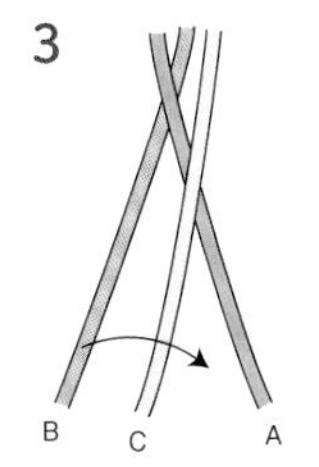

將B置於C與A之間。依相同方式交替置入左右線繩，完成編織。

＊Lesson作品

水玉花漾馬歇爾包 …Photo P.52

準備材料

線材 Hamanaka Eco Andaria（40g／球）

21.［大］淺駝色（23）180g 銀色（174）15g

22.［小］淺駝色（23）105g 紅色（37）、復古藍（66）、芥末黃（19）各少量

鉤針 Hamanaka Ami Ami樂樂雙頭鉤針6/0號

密度 短針 15針19段＝10㎝平方

尺寸 參照織圖

織法

取1條線，除水玉織片外，全部皆以淺駝色編織。

繞線成圈作輪狀起針，織入6針短針。參照織圖，自第2段開始一邊加針一邊以短針進行，最終段織引拔針。

水玉織片同樣繞線作輪狀起針，織入7針短針。21.織3段，22.織2段，完成指定數量後，接縫於袋身。提把是鎖針起針，21.鉤8針，22.鉤7針，頭尾連接成環，以短針鉤織完成後，取同色線縫於指定位置。

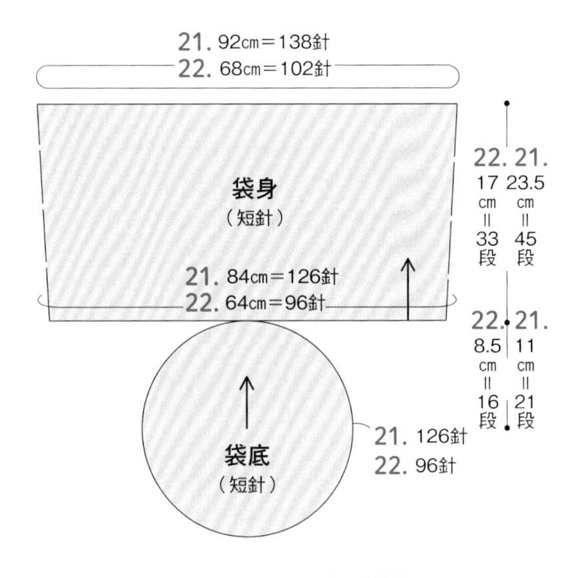

水玉織片（短針）

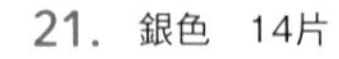

22. 紅色・復古藍 各3片
芥末黃 2片

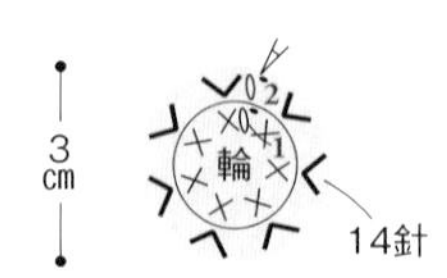

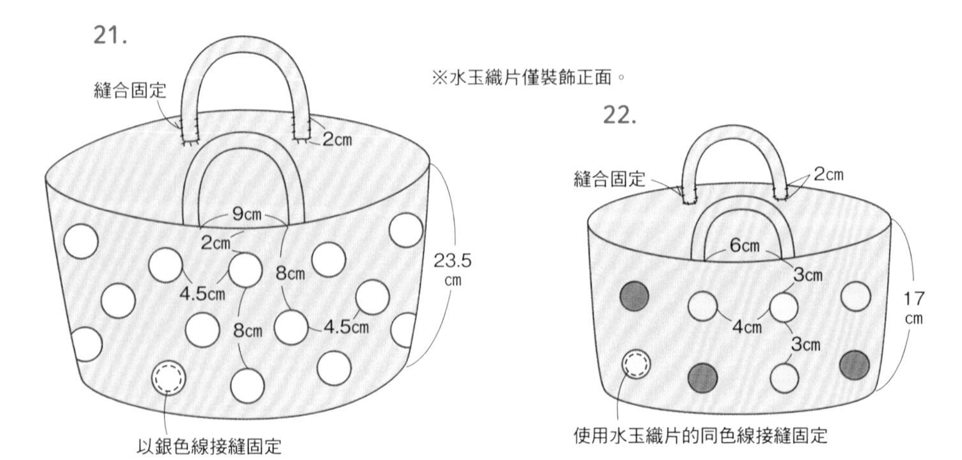

針數與加針方法

	21.大			22.小		
	段	針數	加針方法	段	針數	加針方法
袋身	44～27	138針	不加減針			
	26	138針	加6針			
	25～14	132針	不加減針	32～16	102針	不加減針
	13	132針	加6針	15	102針	加6針
	12～1	126針	不加減針	14～1	96針	不加減針
袋底	21	126針	每段加6針			
	20	120針				
	19	114針				
	18	108針				
	17	102針				
	16	96針		16	96針	
	15	90針		同21.		
	14	84針				
	13	78針				
	12	72針				
	11	66針				
	10	60針				
	9	54針				
	8	48針				
	7	42針				
	6	36針				
	5	30針				
	4	24針				
	3	18針				
	2	12針				
	1	織入6針				

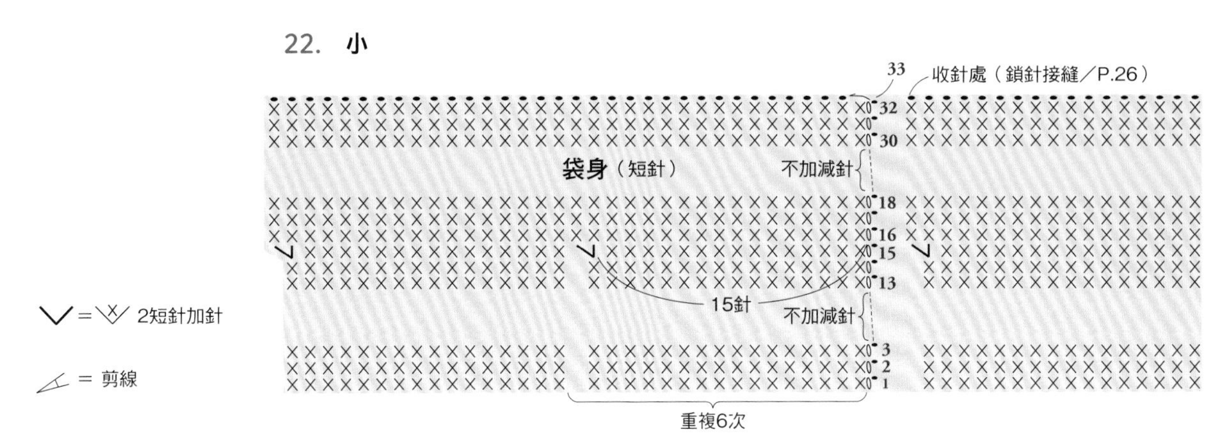

※袋底同21. 鉤織至第16段為止。

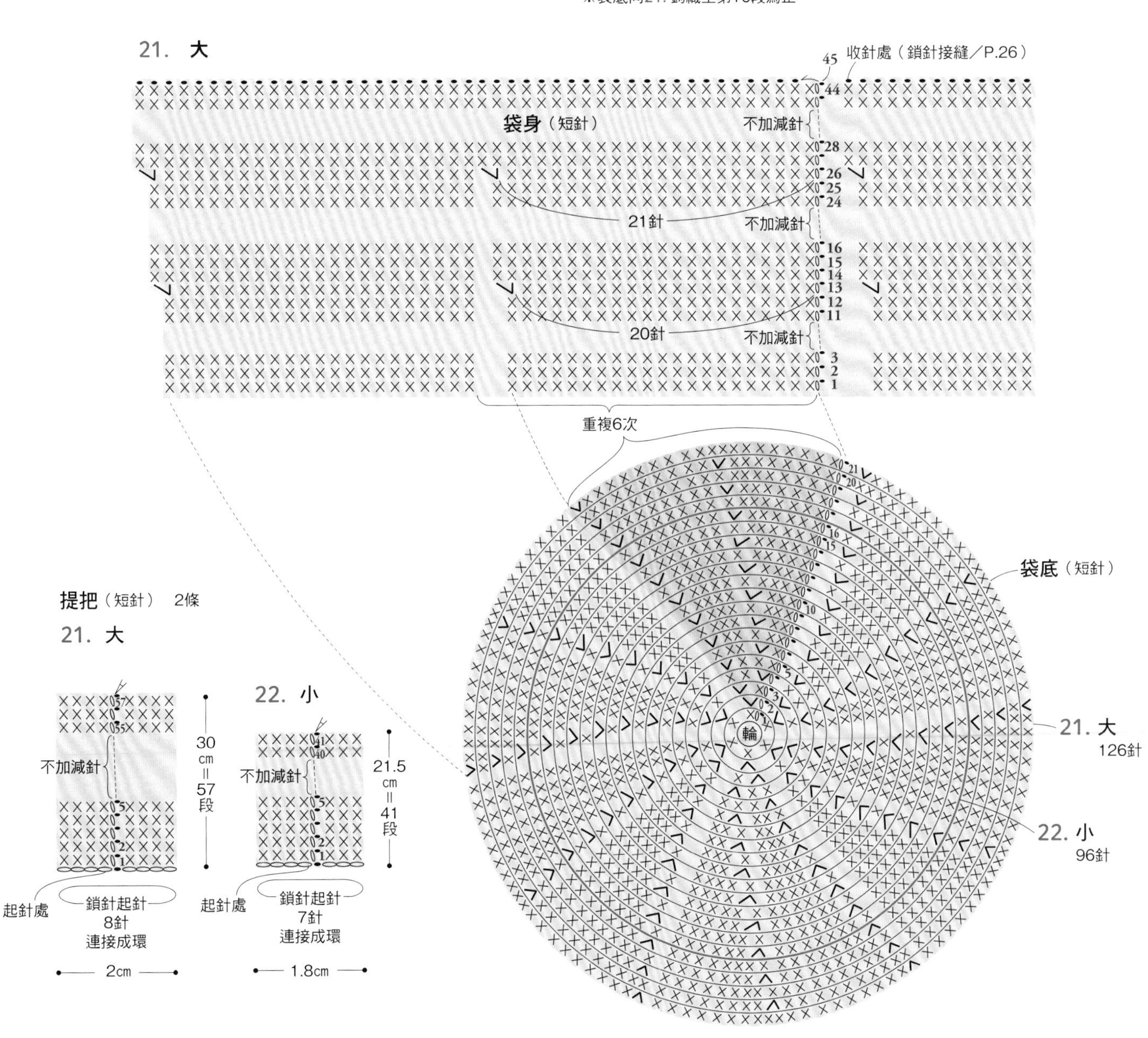

21. 22. 水玉花漾包的織法

以21.大型包進行解說。［　］內表示22.小型包的針數與段數。

鉤織袋底

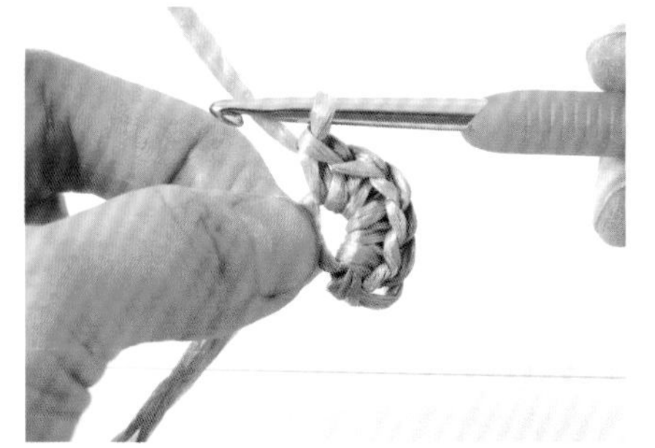

❶ 參照P.23，繞線成圈作輪狀起針，織入6針短針。

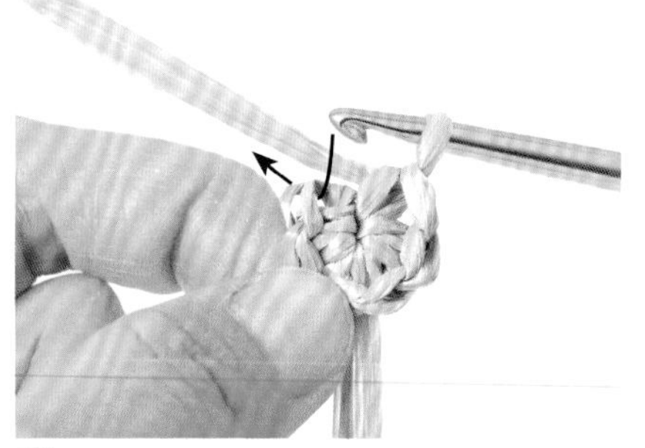

❷ 鉤針穿入最初的短針針頭，鉤織引拔針（P.24步驟⑮）。

❸ 第2段開始，每1段都鉤織「2短針加針」加6針，本段加至12針。

鉤織袋身

❹ 參照P.67的織圖，一邊加針一邊鉤織21段［16段］。

❺ 袋身的1至12段［14段］不加減針。第13段［第15段］自立起針開始，每鉤20針［15針］就加1針。重複6次。

❻ 21.的14至25段不加減針。第26段再次進行加針，自立起針開始，每鉤21針就加1針。重複6次。

❼ 不加減針鉤織27至44段［16至32段］。

（引拔針）●

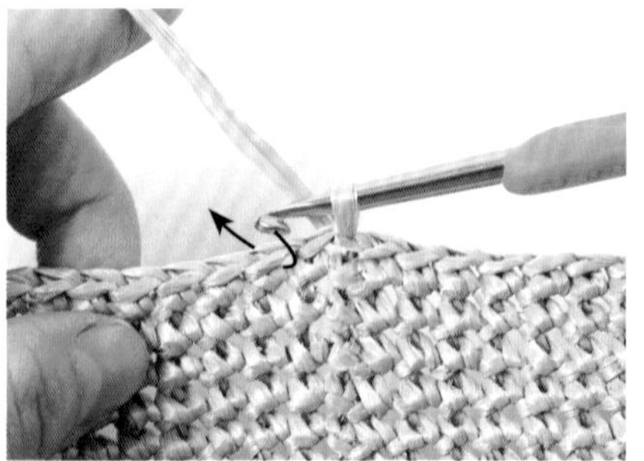

❽ 第45段［第33段］鉤織引拔針。跳過第1針，鉤針穿入第2針。

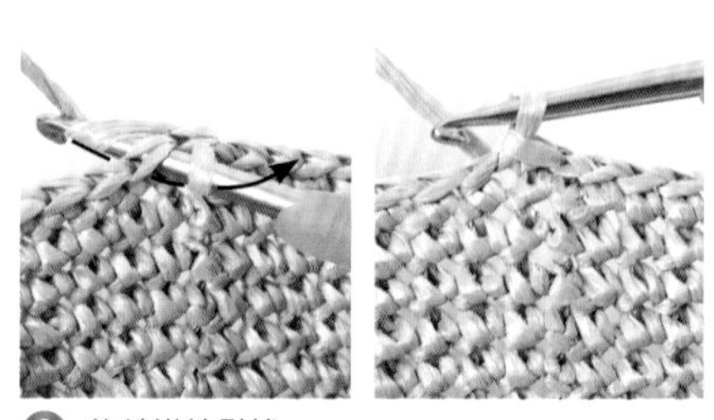

❾ 鉤針掛線引拔。

❿ 沿著袋口鉤織1段引拔針。

⓫ 最後一針，接著依P.26步驟㉝至㊱進行鎖針接縫。

⓬ 完成袋身。線頭穿入織片背面，進行收針藏線（P.26步驟㊲、㊳）。

提把的鉤織＆縫合

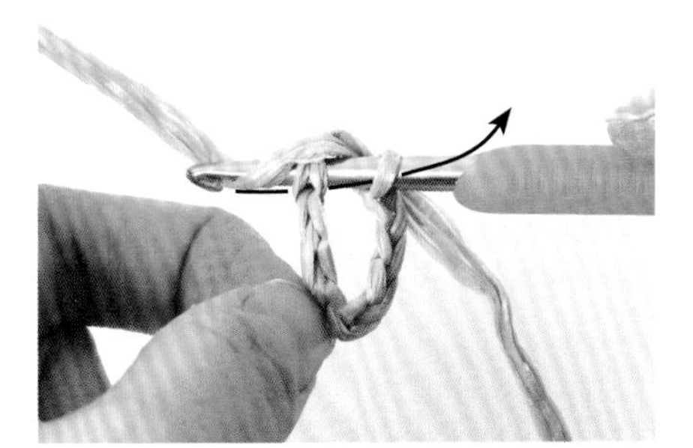

⑬ 線端預留約15cm長，接著鎖針起針鉤織8針［7針］，鉤針穿入第1針鉤引拔，連接成環。

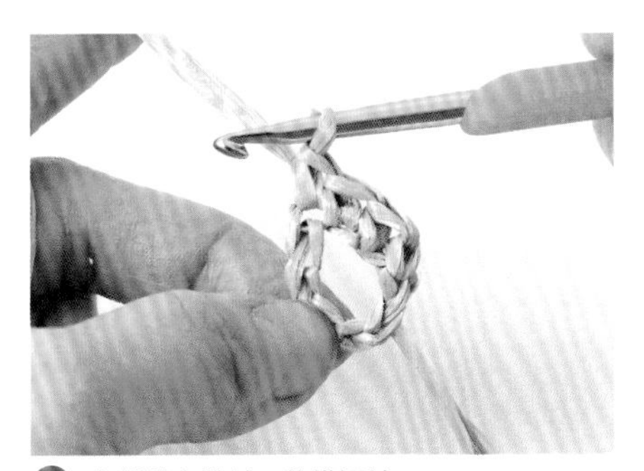

⑭ 在鎖針上挑針，鉤織短針。

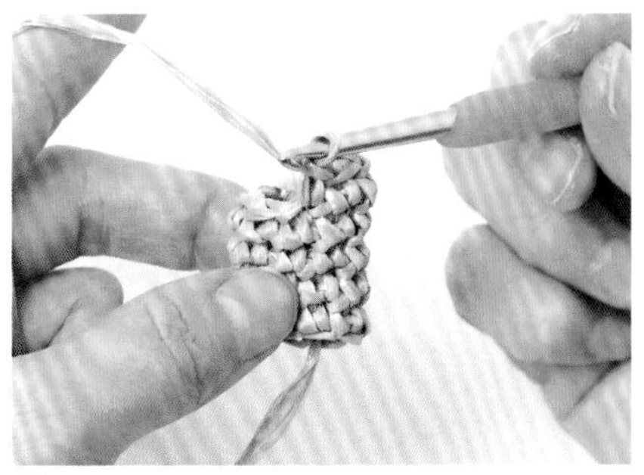

⑮ 繼續鉤織即可形成筒狀，輪編57段［41段］。

⑯ 收針處的織線也預留約15cm長再剪斷。以相同方式鉤織第2條。

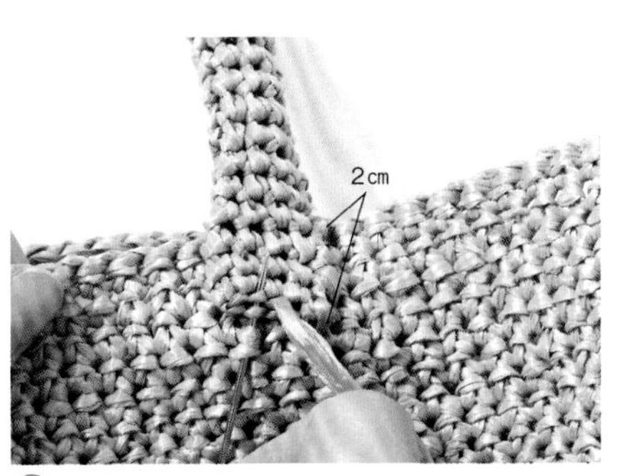

⑰ 線端穿入毛線針，壓平提把，與袋身背面重疊2cm，再縫合固定。

POINT*
為了避免由正面看到織線，請在袋身上淺淺的挑針縫合。

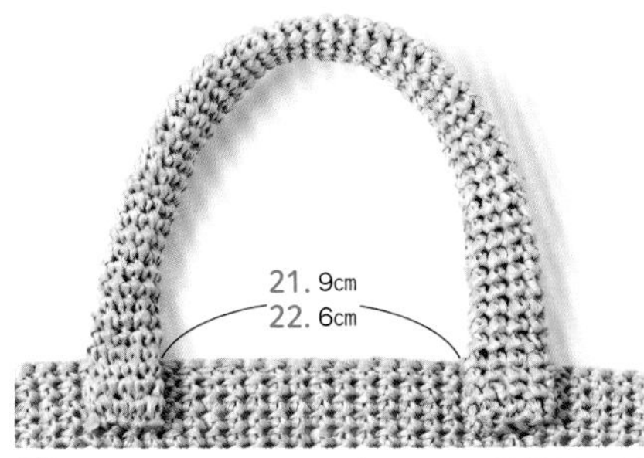

⑱ 參考P.66圖示位置縫合兩端，再接縫另一側的提把。

POINT*
提把接縫位置的選定技巧，亦可參照P.48「關於斜行」。

鉤織水玉織片

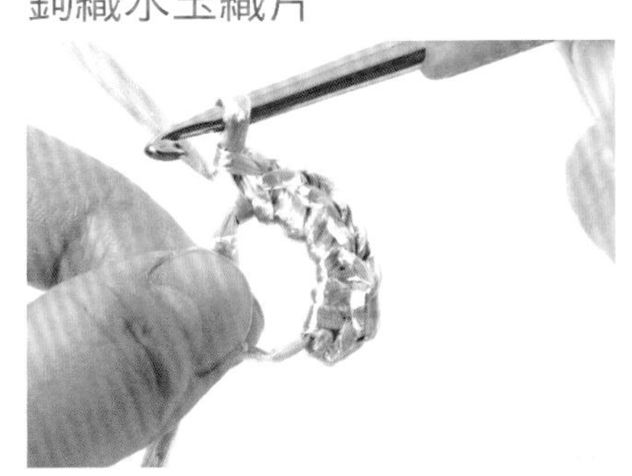

⑲ 線端預留約15cm長，繞線成圈作輪狀起針，織入6針短針。

⑳ 依P.66織圖進行加針，鉤織3段［2段］，收針處預留縫合的織線。21.以銀色鉤織14片，22.以指定色鉤織共8片。

㉑ 以提把位置為基準，在袋身上配置水玉織片，以收針處的織線縫合固定。

㉒ 縫針穿入水玉織片最終段的短針針頭與針腳之間，以平針縫的要領，一針針接縫固定。

㉓ 依圖示指定位置接縫水玉織片。完成！

＊Lesson作品

蝴蝶結小肩包 …Photo P.58

29.

●**準備材料**

線材 Hamanaka Eco Andaria（40g／球）
粉紅色（46）55g

鉤針 Hamanaka Ami Ami樂樂雙頭鉤針6/0號

●**密度** 短針 18針＝10cm、4cm＝7段
花樣編 18針＝10cm、11段＝4.5cm

●**尺寸** 參照織圖

●**織法**

取1條線編織。

鎖針起針23針從袋底開始鉤織，進行不加減針的短針往復編。沿袋底四周挑針鉤織袋身，參照織圖鉤織短針與花樣編。途中在指定位置鉤45針鎖針，作為蝴蝶結的起針，再以結粒針的要領接合成圈。下一段開始，連同此段鎖針的蝴蝶結A一起鉤織5段。換鉤至花樣編時，不再鉤織蝴蝶結A，僅在袋身挑針鉤織，並且繼續鉤織1段緣編。背帶是鎖針起針160針，再以短針鉤織1段。蝴蝶結B是鎖針起針9針，鉤織短針。以捲針縫縫合蝴蝶結A背面，再從正面縫合中央後，接縫蝴蝶結B。將背帶接縫於指定位置即完成。

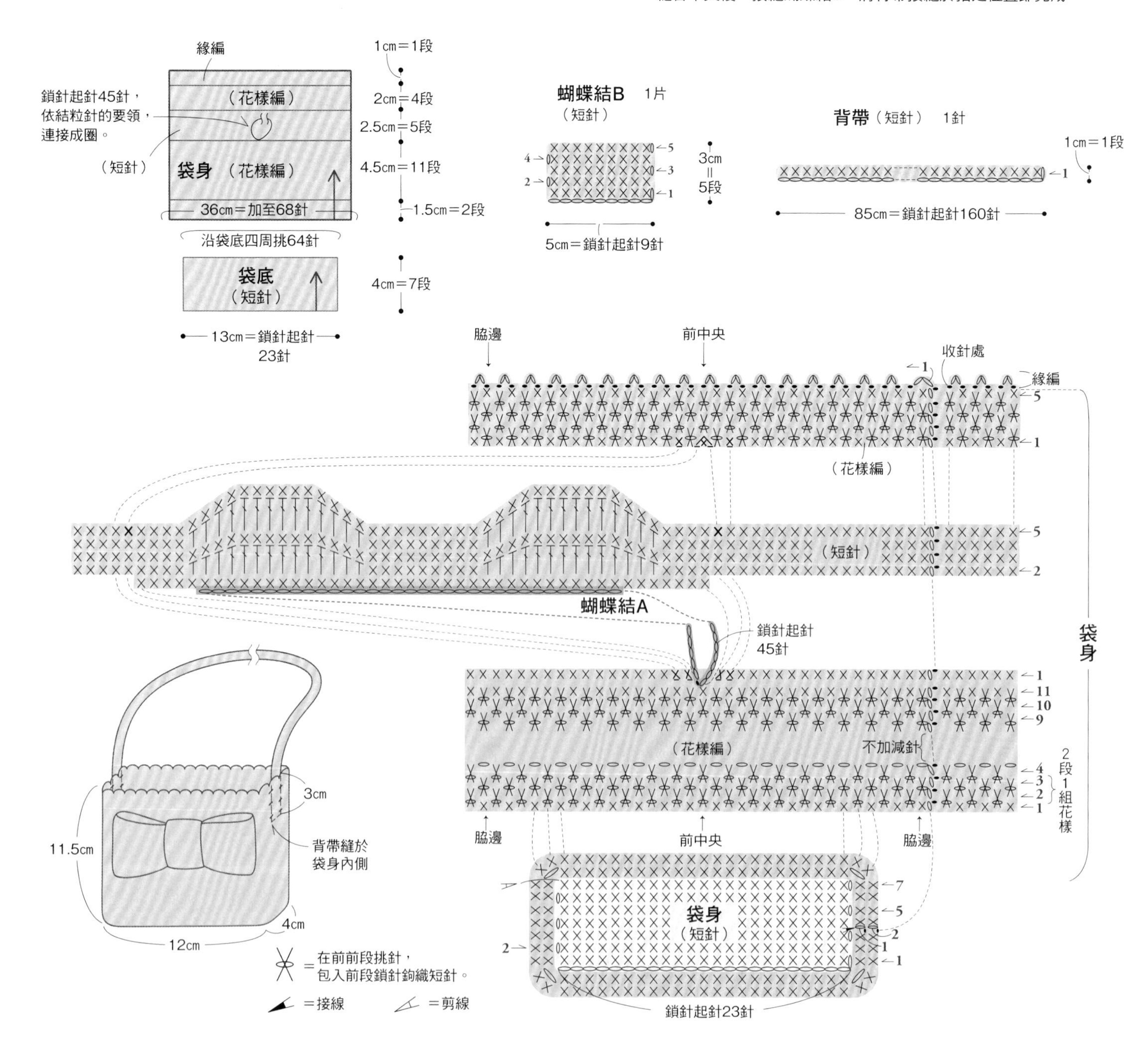

29. 蝴蝶結小肩包的織法

為了更淺顯易懂，因此部分示範改以不同色線進行。

鉤織袋底

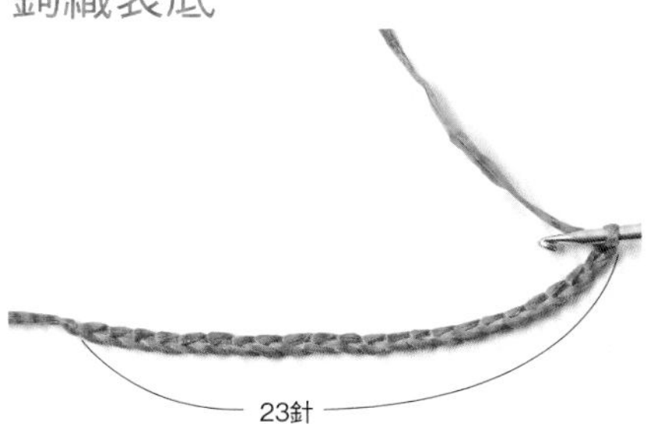

❶ 依照P.30步驟❶至❸的要領，鉤鎖針起針23針。

POINT*
起針段不算作1段。

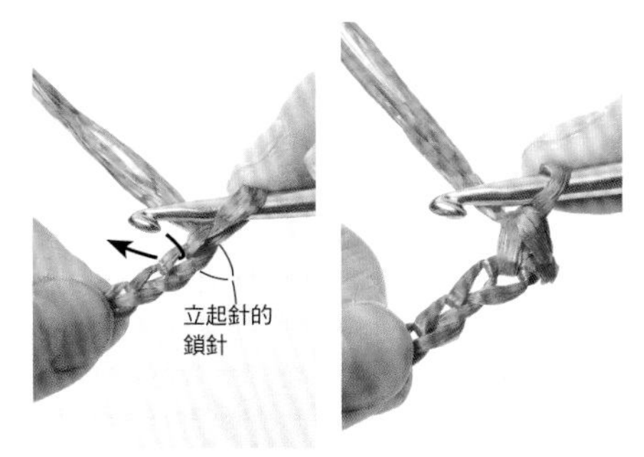

❷ 鉤織立起針的1針鎖針，鉤針穿入下一針的鎖針半針與裡山（P.30），鉤織短針。

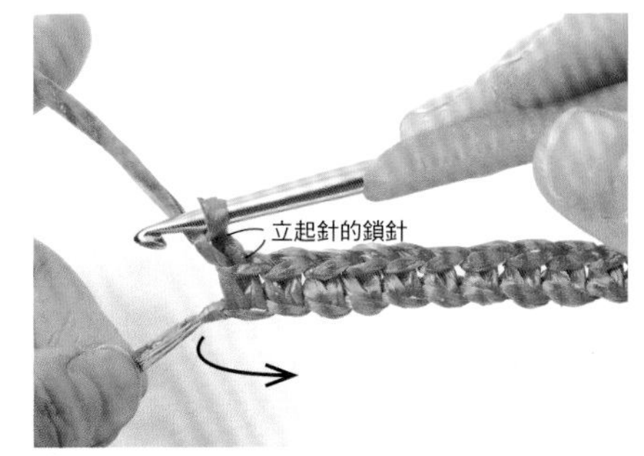

❸ 織完23針短針後，先鉤織第2段立起針的鎖針，再依箭頭指示將織片翻面。

POINT*
請在織片翻面前鉤織鎖針。

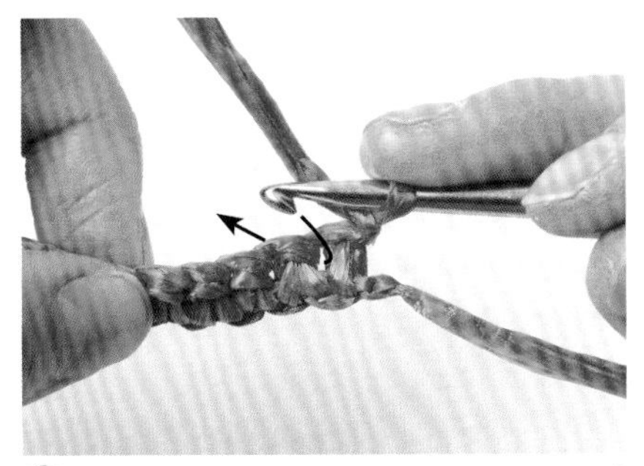

❹ 第2段，鉤針穿入第1段的短針針頭，鉤織短針。

❺ 每鉤1段就將織片翻面，鉤織下一段短針，如此以往復編鉤織7段。

鉤織袋身

❻ 在袋底的第4段接線，在每1段上鉤織1針短針。

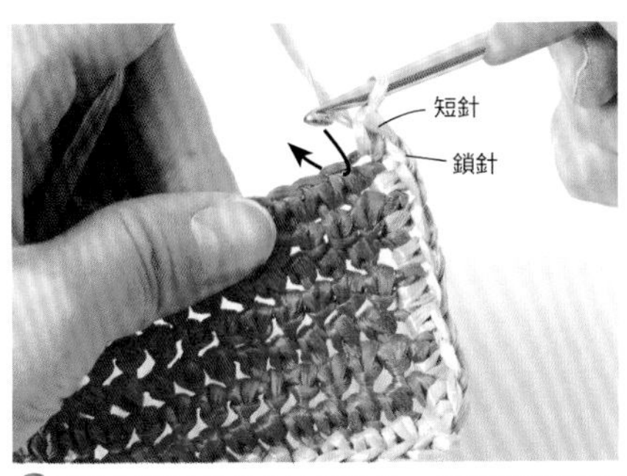

❼ 轉角針目是鉤1針鎖針後，再繼續鉤織短針。起針段的部分，則是挑步驟❷未挑針的鎖針另外半針鉤織。

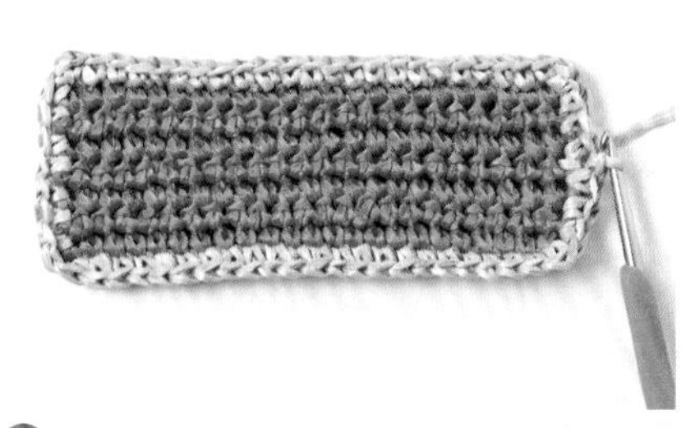

❽ 沿袋底四周挑完64針的模樣。接著，再鉤織1段短針，轉角是在第1段的鎖針挑束（P.32），鉤織2短針加針。

❾ 接續鉤織花樣編第1段的短針與鎖針。第2段先鉤2鎖針，接下來的短針則是挑前前段短針，並且將前段的鎖針包入鉤織。

❿ 前段的鎖針被包入短針內。

⓫ 重複進行鎖針與短針（步驟❾、❿），鉤織1段。

⓬ 第3段是從短針（步驟❾、❿）開始鉤織，依照第2段相同的要領鉤織1段。

鉤織蝴蝶結A

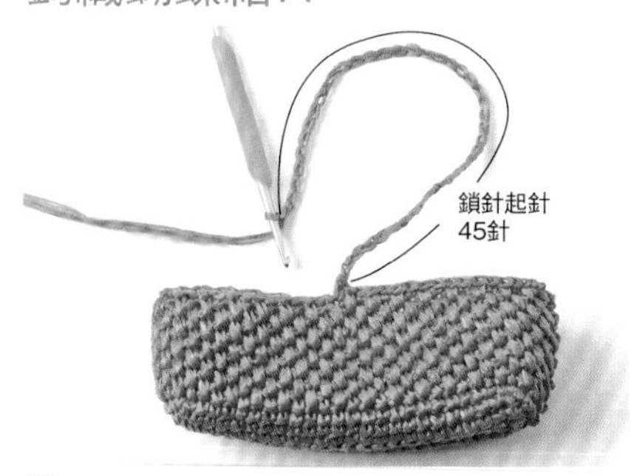

⑬ 2段1組的花樣編鉤織至第10段，第11段皆鉤短針。立起針之後鉤織18針短針，接著鉤織蝴蝶結起針的45針鎖針。

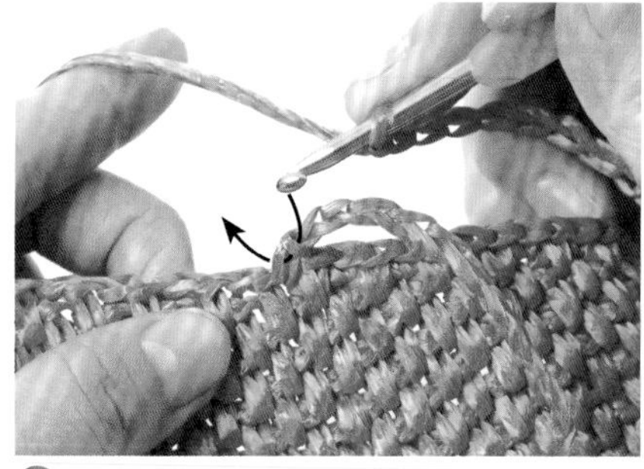

⑭ 以結粒針的要領（P.74步驟1），將鉤針穿入第18針短針的針頭1條線與針腳1條線。

⑮ 鉤針掛線引拔。

（短針的筋編）

⑯ 繼續鉤完1段短針。

⑰ 短針第1段鉤至15針之後，鎖針起針的前2針，皆是只挑短針針頭的外側1條線鉤織短針(＝短針的筋編)。

⑱ 織完2針筋編的模樣。

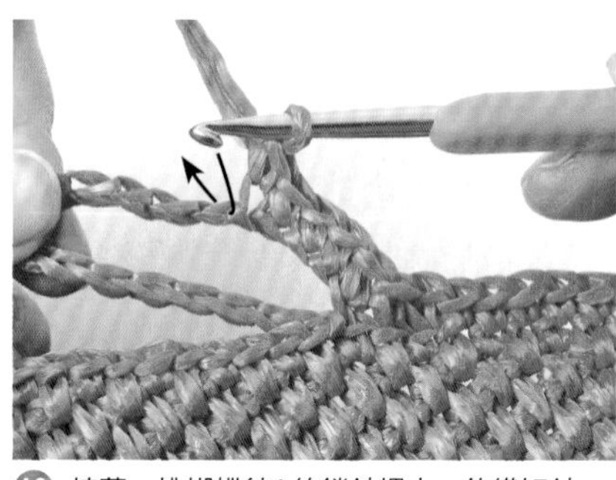

⑲ 接著，挑蝴蝶結A的鎖針裡山，鉤織短針。

⑳ 鉤完蝴蝶結A的1段短針後，左側也以步驟⑰、⑱的方式，鉤織2針短針的筋編。

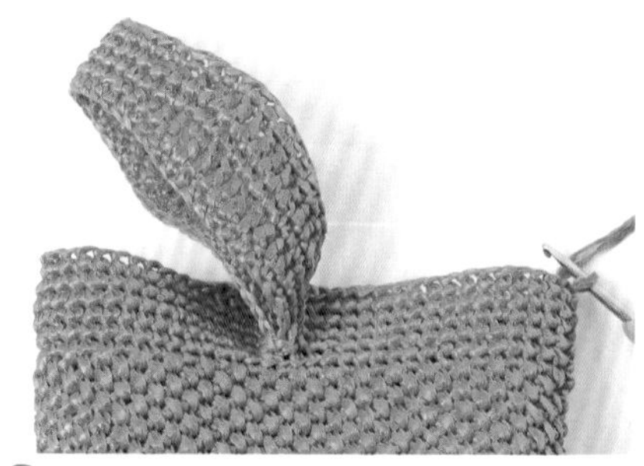

㉑ 第2、4段中途改鉤中長針與長針，作出針目高度的變化，共織5段。

（短針筋編的2併針）

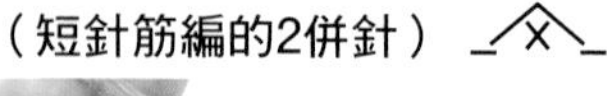

㉒ 花樣編的第1段，以短針與鎖針鉤至16針，接著將蝴蝶結A左右拉開，在前中央（✕的2針）挑針鉤織「2併針」。鉤針先穿入第1針的外側1條線，引拔織線。

㉓ 鉤針接著穿入第2針，同樣鉤出織線。

㉔ 鉤針掛線，一次引拔所有線圈，完成「短針筋編的2併針」。

鉤織緣編

㉕ 第2至5段，織法同P.71步驟⑨至⑫。

㉖ 先鉤2針鎖針，跳過前段的1針短針後，在第2針鉤織引拔針。

㉗ 重複步驟㉖，鉤織1段。

㉘ 袋身完成。

鉤織蝴蝶結B

㉙ 鎖針起針9針，依P.71步驟③至⑤的要領，鉤織5段短針的往復編。

縫製蝴蝶結

㉚ 鉤好的蝴蝶結A，中央呈現開口狀。

㉛ 先以捲針縫縫合蝴蝶結A的中央開口。

㉜ 接著縫合中央，作出蝴蝶結。

㉝ 將蝴蝶結B置於蝴蝶結A的中央，在上下兩側挑步驟⑱與㉒鉤織短針筋編後的1條線，以捲針縫固定。

鉤織背帶

㉞ 鎖針起針160針，再鉤織1段短針。

㉟ 背帶兩端置於袋身脇邊內側，重疊3cm，縫合固定。

POINT*
為了避免由正面看到織線，請在袋身淺淺的挑針縫合固定。

㊱ 以相同方式縫合另一側。線頭穿入袋身織片的內側，進行藏線（P.26步驟㊲、㊳）。完成！

蝴蝶結大托特包 …Photo P.59

30.

●準備材料

線材 Hamanaka Eco Andaria（40g／球）
麥稈色（42）270g

鉤針 Hamanaka Ami Ami樂樂雙頭鉤針6/0號

●密度 短針 18針18段＝10cm平方
花樣編 18針＝10cm、12段＝5cm

●尺寸 參照織圖

●織法

取1條線編織。袋底、袋身與蝴蝶結的鉤織要領同P.71至73。

鎖針起針55針從袋底開始鉤織，進行不加減針的短針往復編。沿袋底四周挑針鉤織袋身，參照織圖鉤織短針與花樣編。途中在指定位置鉤45針鎖針，作為蝴蝶結的起針，再以結粒針的要領接合成圈。下一段開始，連同此段鎖針的蝴蝶結A一起鉤織5段。換鉤花樣編時，不再鉤織蝴蝶結A，僅在袋身挑針鉤織，並且繼續鉤織1段緣編。

提把是鎖針起針80針，依織圖以短針與引拔針鉤織2條。蝴蝶結B是鎖針起針9針，再鉤織短針。以捲針縫縫合蝴蝶結A背面，再從正面縫合中央後，接縫蝴蝶結B。

將提把接縫於指定位置即完成。

（緣編）
120cm＝216針
（花樣編）
蝴蝶結A
鎖針起針45針，依結粒針的要領，連接成圈。
參照織圖
袋身（花樣編）
（短針）
（花樣編）
89cm＝加160針
沿袋底四周挑156針
袋底（短針）
30cm＝鎖針起針55針
1.5cm＝1段
8.5cm＝20段
2.5cm＝5段
5cm＝12段
2.5cm＝5段
5cm＝12段
2.5cm＝5段
11.5cm＝21段

花樣編

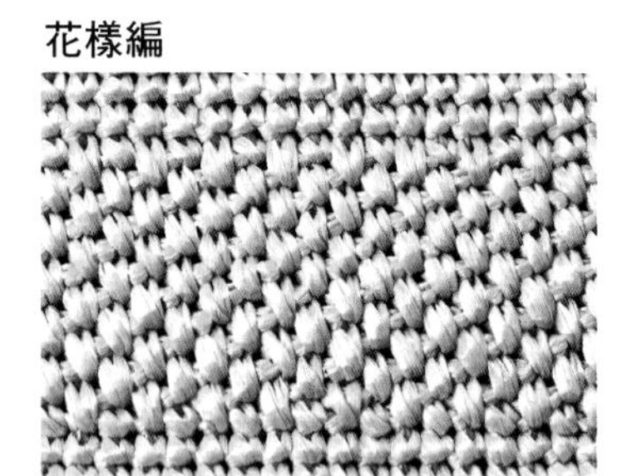

縫製蝴蝶結 參照P.73「縫製蝴蝶結」步驟詳解

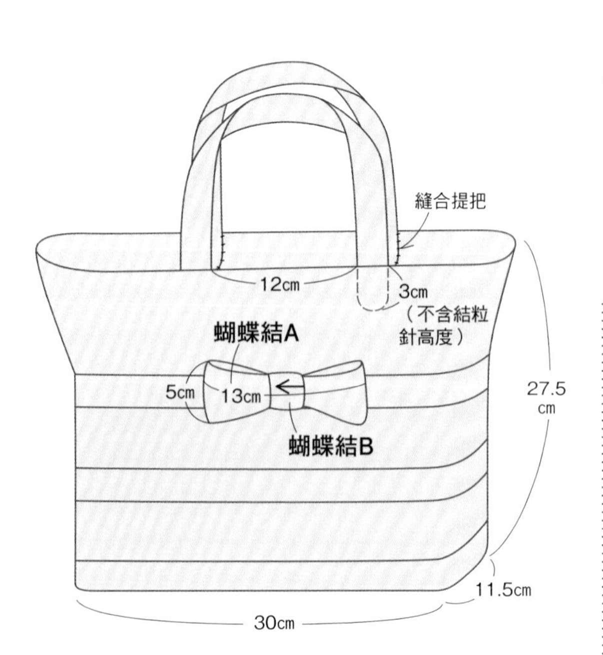

①以捲針縫縫合蝴蝶結A的中央。

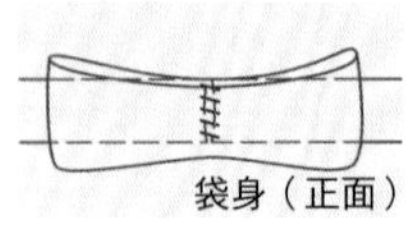

②縫合蝴蝶結A中央，作出蝴蝶結。

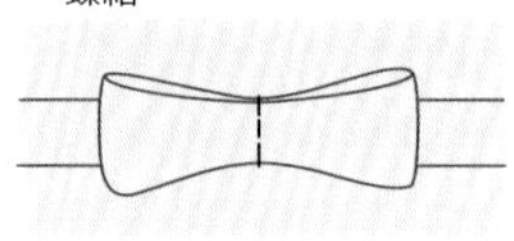

③蝴蝶結B縫於A的中央。

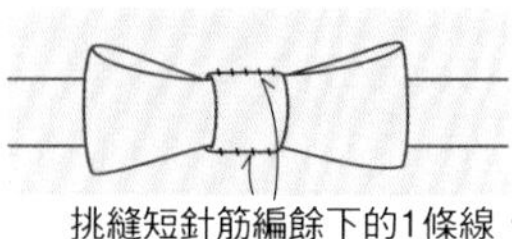

挑縫短針筋編餘下的1條線，以捲針縫固定。

3鎖針的結粒針

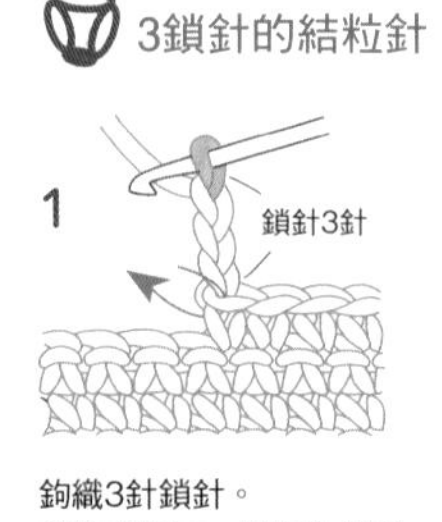

鉤織3針鎖針。
依箭頭指示，挑短針針頭1條線與針腳1條線。

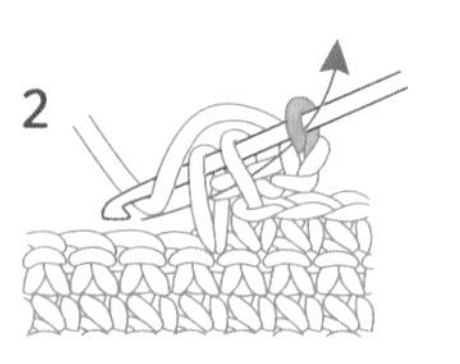

鉤針掛線，一次引拔收緊針上所有線圈。

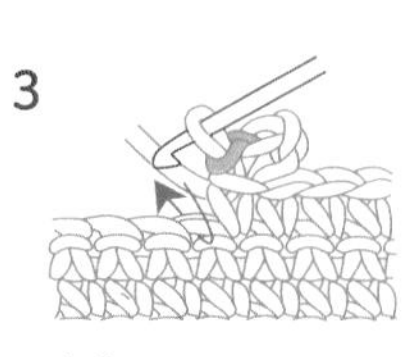

完成。
下一針鉤織短針。

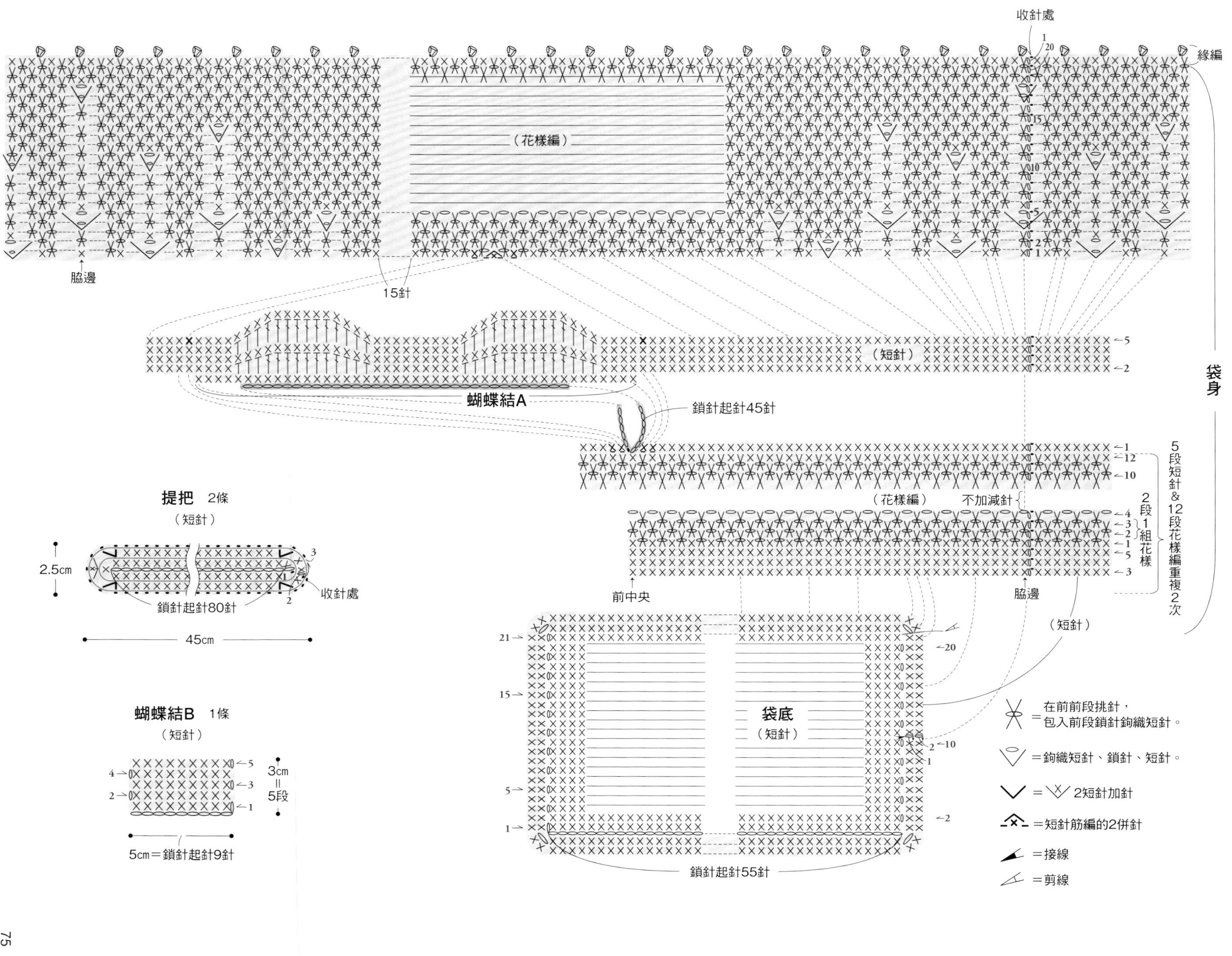
袋身
緣編
收針處
（花樣編）
脇邊
15針
（短針）
蝴蝶結A
鎖針起針45針
5段短針&12段花樣編重複2次
2段1組花樣
不加減針
（花樣編）
前中央
脇邊
（短針）
袋底
（短針）
鎖針起針55針
提把 2條
（短針）
2.5cm
鎖針起針80針
收針處
45cm
蝴蝶結B 1條
（短針）
3cm
=
5段
5cm＝鎖針起針9針
＝在前前段挑針，包入前段鎖針鉤織短針。
＝鉤織短針、鎖針、短針。
＝2短針加針
＝短針筋編的2併針
＝接線
＝剪線

交叉短針馬爾歇包 …Photo P.50

19.

準備材料

線材 Hamanaka Eco Andaria（40g／球）
駝色（23）220g

鉤針 Hamanaka Ami Ami樂樂雙頭鉤針6/0號

密度 短針 19針＝10cm、16段＝9.5cm
花樣編 19針＝10cm、6段＝4.5cm

尺寸 參照織圖

織法

取1條線編織。

繞線成圈作輪狀起針，織入7針短針。參照織圖，自第2段開始一邊加針一邊以短針鉤織袋底。繼續依織圖鉤織袋身，進行花樣編與短針的加針。在指定位置接線鉤織提把，分別以短針鉤織24段後，兩兩接合以捲針縫併縫。提把除兩端各6段不縫，中央部分皆對摺以捲針縫併縫。

※花樣編的織法請見P.78。

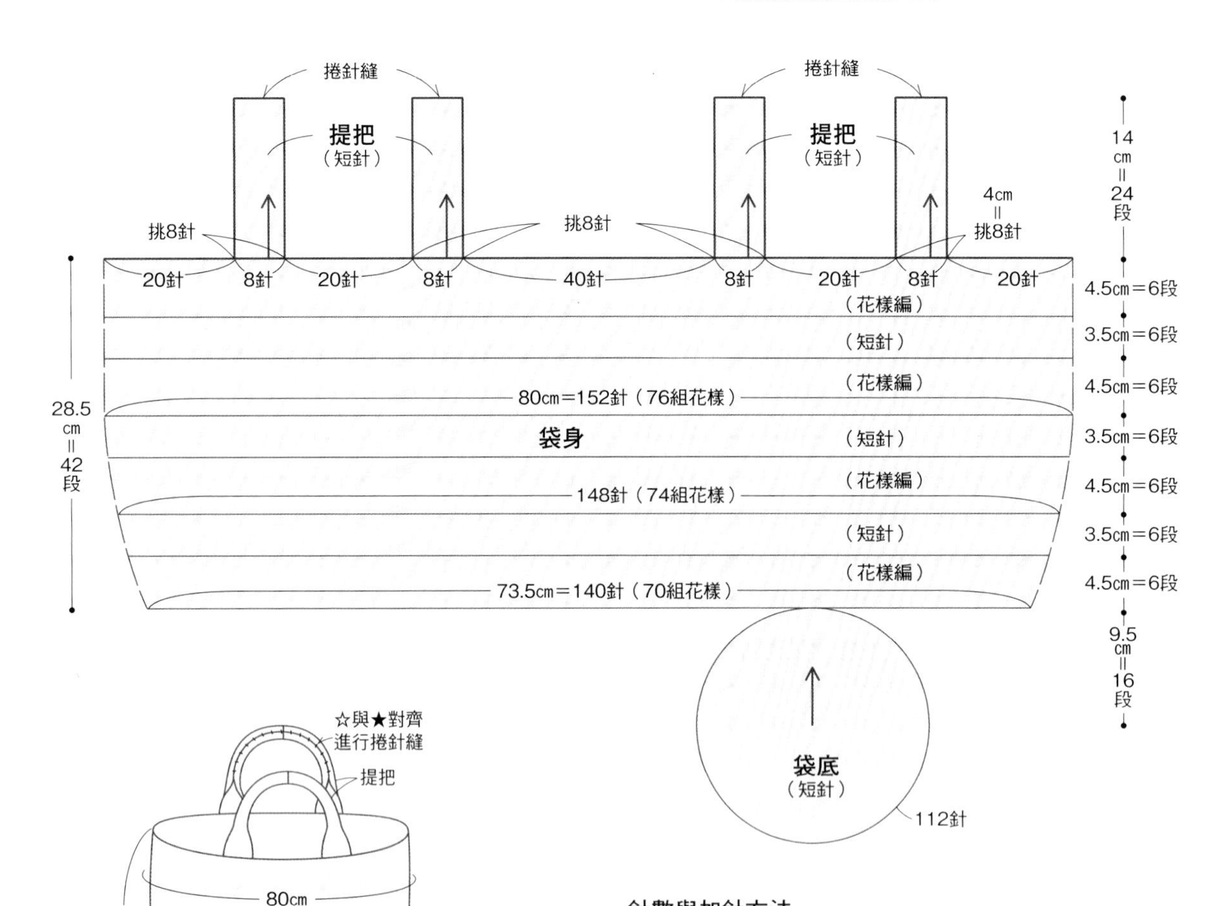

針數與加針方法

	段	針數	加針方法
袋身	37～42	152針（76組花樣）	不加減針
	31～36	152針	
	26～30	152針（76組花樣）	
	25	152針（76組花樣）	加4針
	19～24	148針	不加減針
	14～18	148針（74組花樣）	
	13	148針（74組花樣）	加8針
	7～12	140針	不加減針
	2～6	140針（70組花樣）	
	1	140針（70組花樣）	加28針

	段	針數	加針方法
袋底	16	112針	每段加7針
	15	105針	
	14	98針	
	13	91針	
	12	84針	
	11	77針	
	10	70針	
	9	63針	
	8	56針	
	7	49針	
	6	42針	
	5	35針	
	4	28針	
	3	21針	
	2	14針	
	1	織入7針	

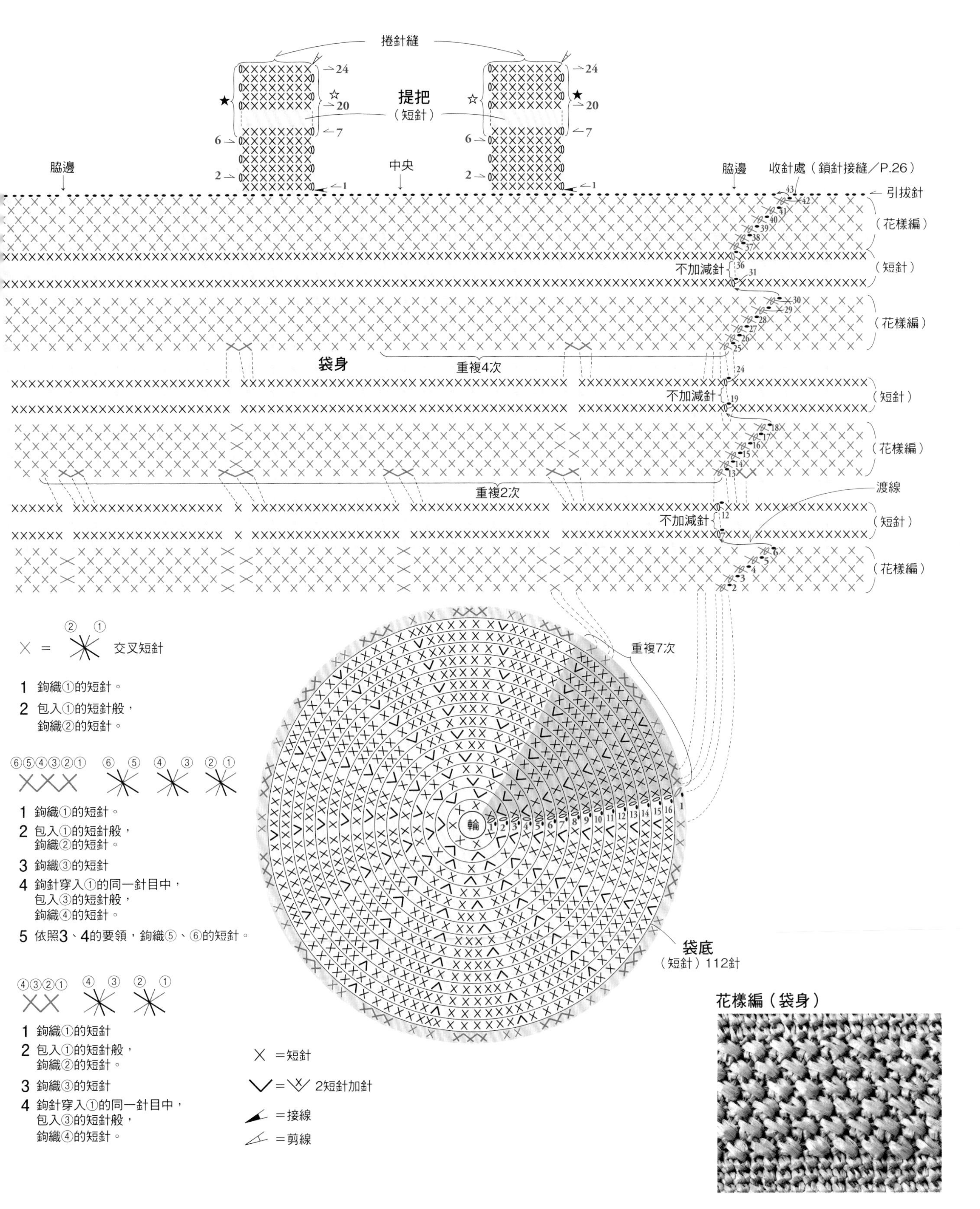

捲針縫
提把
（短針）
脇邊
中央
脇邊
收針處（鎖針接縫／P.26）
引拔針
（花樣編）
不加減針
（短針）
（花樣編）
袋身
重複4次
不加減針
（短針）
（花樣編）
重複2次
渡線
不加減針
（短針）
（花樣編）
重複7次
輪
袋底
（短針）112針
= 交叉短針
1 鉤織①的短針。
2 包入①的短針般，鉤織②的短針。
1 鉤織①的短針。
2 包入①的短針般，鉤織②的短針。
3 鉤織③的短針
4 鉤針穿入①的同一針目中，包入③的短針般，鉤織④的短針。
5 依照3、4的要領，鉤織⑤、⑥的短針。
1 鉤織①的短針
2 包入①的短針般，鉤織②的短針。
3 鉤織③的短針
4 鉤針穿入①的同一針目中，包入③的短針般，鉤織④的短針。
=短針
=2短針加針
=接線
=剪線
花樣編（袋身）

花樣編的織法　為了更淺顯易懂，因此部分示範改以不同色線進行。

袋身第1段 ×××

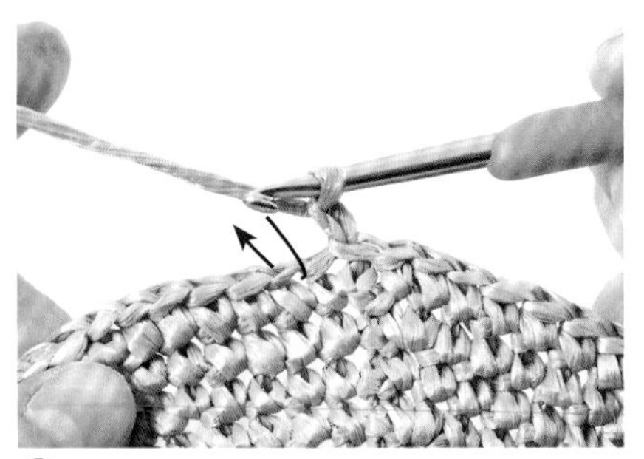

❶ 鉤織立起針的1針鎖針，跳過前段（袋底第16段）的1針短針，鉤針穿入下一針鉤織短針。

❷ 鉤針穿入剛才跳過的針目中，包入步驟❶的針目般，掛線鉤出。

❸ 鉤針掛線，鉤織短針。

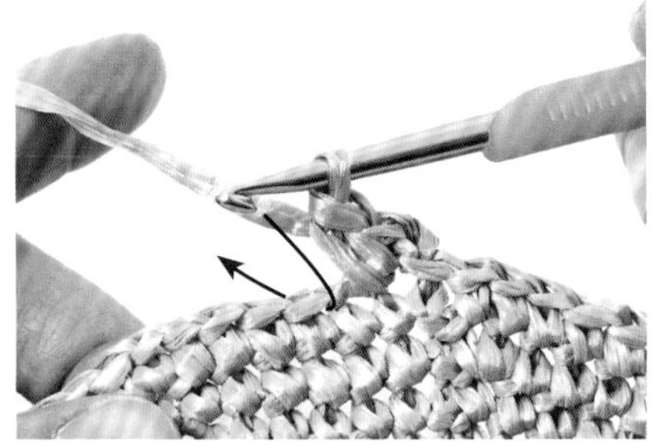

❹ 完成1針「交叉短針」。步驟❶織好的針目包入了步驟❷織好的針目裡。接下來，鉤針穿入相鄰針目中，鉤織短針。

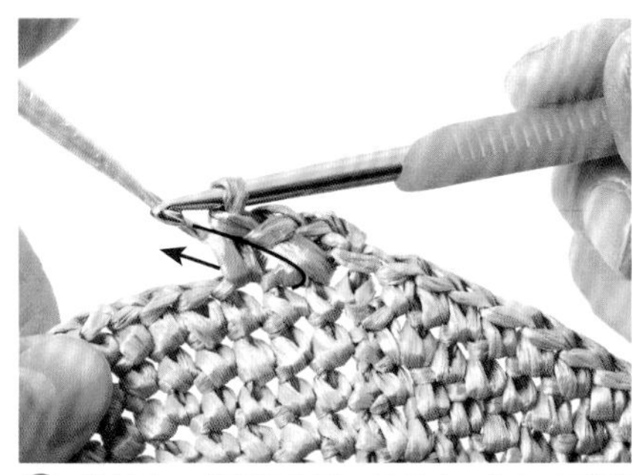

❺ 鉤針穿入步驟❶的同一針目中，包入步驟❹的針目般，鉤織短針。增加1針。

❻ 鉤針穿入相鄰的針目中，依步驟❹、❺的相同方式鉤織另1針交叉短針。再加1針。

×

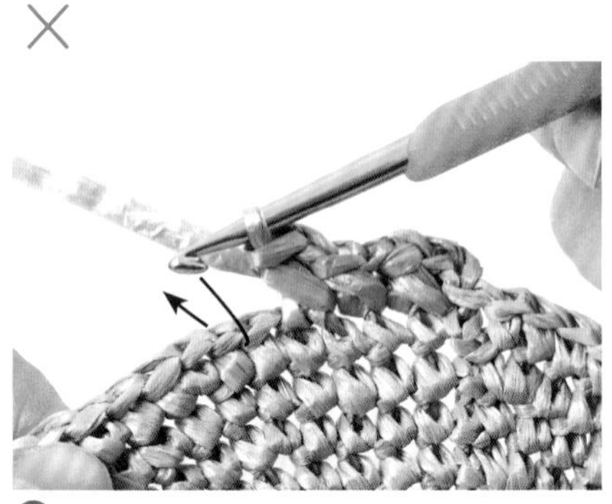

❼ 完成 ×××。接下來跳過前段的1針短針，鉤針穿入下一針，鉤織短針。

❽ 鉤針穿入剛才跳過的針目中，包入步驟❼的針目般，鉤織短針。

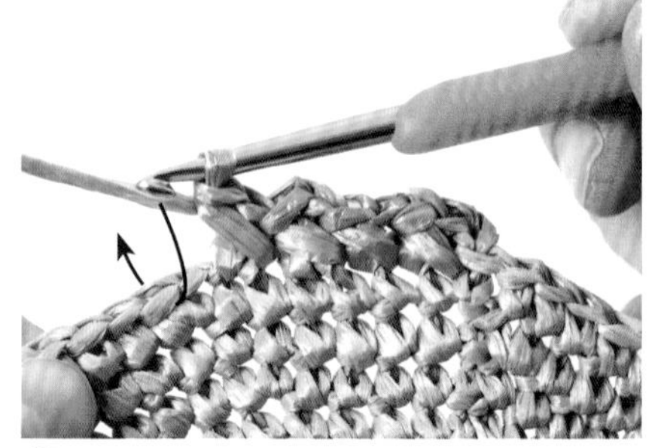

❾ 步驟❼織好的針目包入了步驟❽中織好的針目裡。接下來，跳過前段的1針短針後，鉤針穿入下一針，鉤織短針。

❿ 鉤針穿入剛才跳過的針目中，包入步驟❾的針目般，鉤織短針。

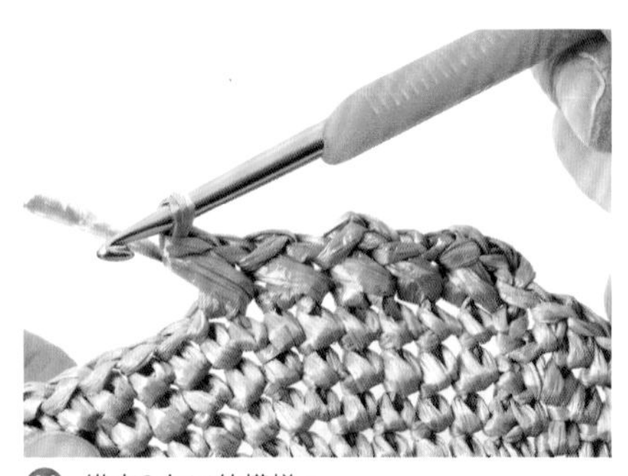

⓫ 織完2次×的模樣。

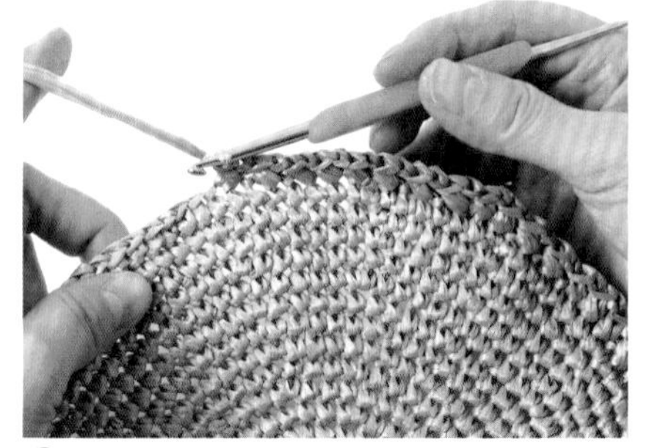

⓬ 重複步驟❶至⓬，鉤織1段。袋身的×依步驟❼至⓫的方式鉤織。

小鴨斜背包 …Photo P.53

23.

●**準備材料**

線材 Hamanaka Eco Andaria（40g／球）
麥稈色（42）40g 象牙白（168）5g
橘色（98）、復古藍（66）各少量

鉤針 Hamanaka Ami Ami樂樂雙頭鉤針6/0號、5/0號

●**密度** 短針（5/0號） 18.5針21.5段＝10㎝平方

●**尺寸** 參照織圖

●**織法**

取1條線，除背帶以外，皆以5/0號鉤針編織。

鎖針起針10針從身體開始鉤織，參照織圖，一邊加針一邊進行短針的輪編。頭部與鴨嘴則是繞線成圈作輪狀起針，參照織圖以短針鉤織。背帶是鎖針起針120針，再以短針鉤織1段。頭部與身體隔布壓平，以熨斗整燙。頭部與身體以捲針縫併縫時，在背面夾入背帶一併縫合，再縫於頭部背面一處固定。背帶的另一端則是縫於身體尾端的背面內側。以捲針縫將鴨嘴接縫於頭部，在正面繡上眼睛與羽毛即可。

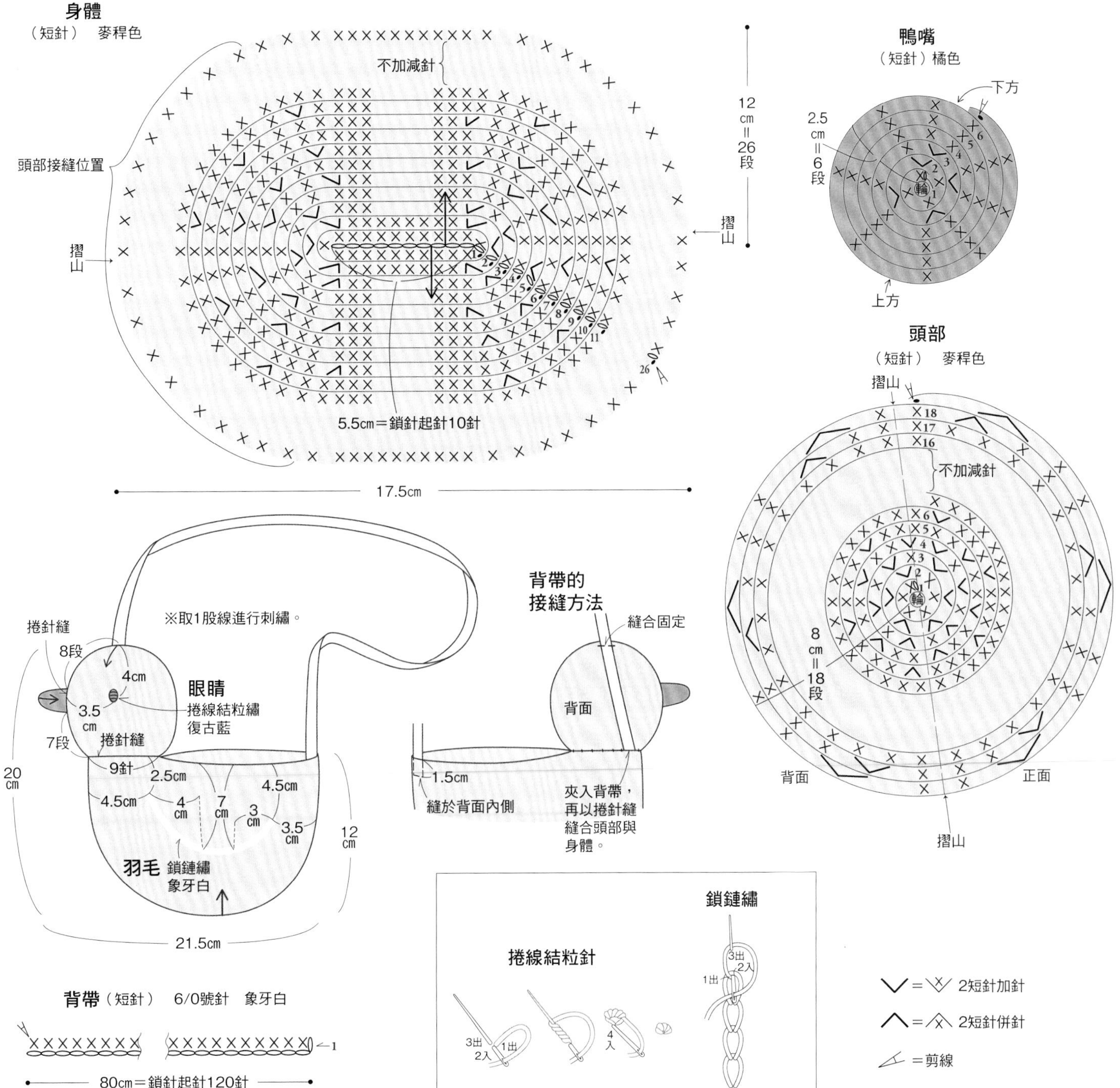

口金迷你包 …Photo P.56

…Photo P.56

26.

●準備材料

線材 Hamanaka Eco Andaria（40g／球）
珊瑚粉（67）25g　橘色（98）15g

鉤針 Hamanaka Ami Ami樂樂雙頭鉤針4/0號

其他 寬10.5cm的Hamanaka包包用口金
（銀H207-003-2）
長22.5cm的鍊條（銀色）
外徑1cm的C圈2個　釣魚線

●**密度** 短針　23針＝10cm、8段＝4cm
長針　23針＝10cm、3段＝3cm
花樣編　23針＝10cm、7段＝3cm

●**尺寸** 參照織圖

●**織法**

取1條線，依指定配色鉤織。
鎖針起針8針，以短針開始鉤織袋底，參照織圖加針鉤織8段。接下來，鉤織長針與花樣編，最終段鉤織1段短針。將口金中央與口金接縫位置的中央對齊，以釣魚線進行回針縫固定。在鍊條上接線，鉤織短針與鎖針，再以C圈連接口金與鍊條。

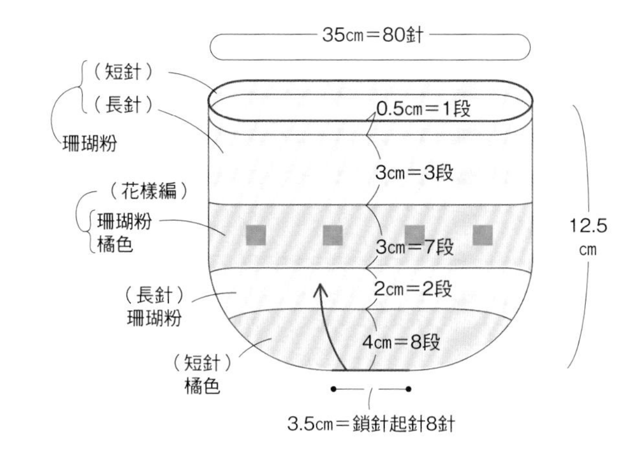

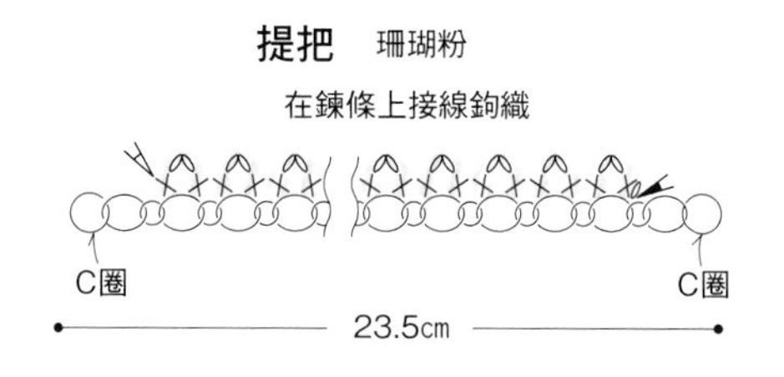

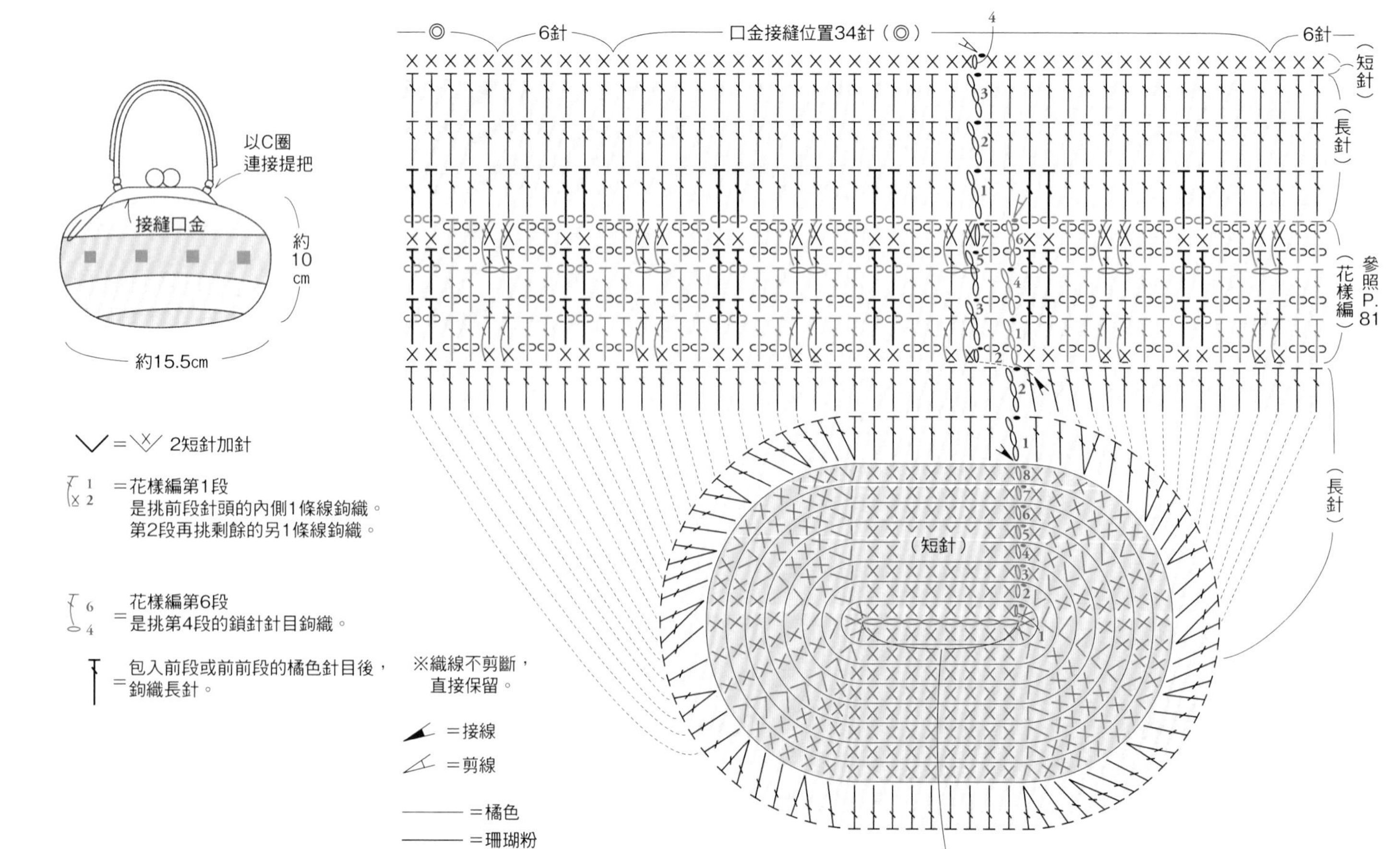

＝ 2短針加針

＝花樣編第1段
是挑前段針頭的內側1條線鉤織。
第2段再挑剩餘的另1條線鉤織。

＝花樣編第6段
是挑第4段的鎖針針目鉤織。

＝包入前段或前前段的橘色針目後，
鉤織長針。

※織線不剪斷，
直接保留。

＝接線

＝剪線

＝橘色

＝珊瑚粉

花樣編的織法

第1段

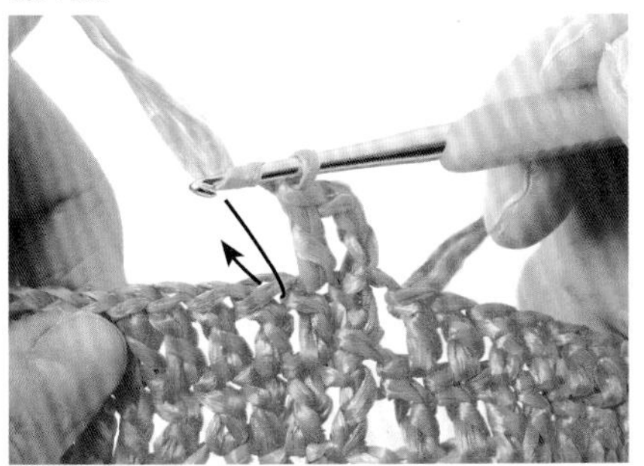

❶ 花樣編第1段以橘色鉤織。鉤織立起針的3鎖針，再鉤1針長針。下一針的 ，是挑前段長針針頭的內側1條線，鉤織長針。

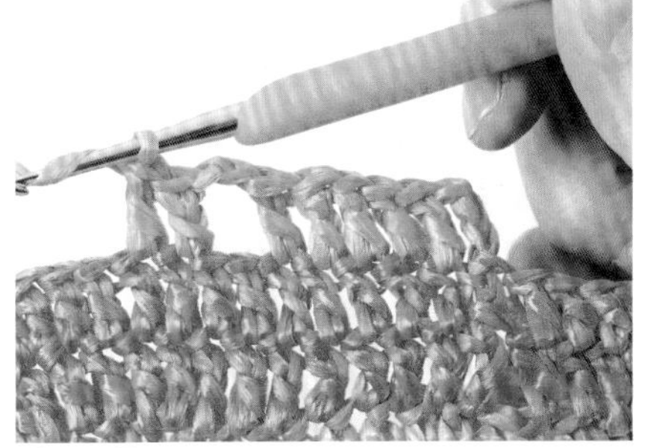

❷ 僅 針目挑內側1條線鉤織，繼續以長針、鎖針鉤織1段。

第2段

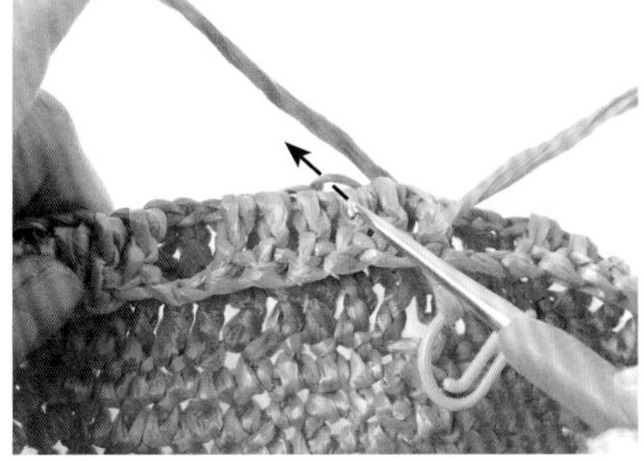

❸ 第2段，橘色線暫休針，將花樣編第1段往前倒下，改以珊瑚粉鉤織。從橘色的立起針渡線至第3針，挑步驟❶未鉤織的長針針頭外側1條線，鉤織（X）。

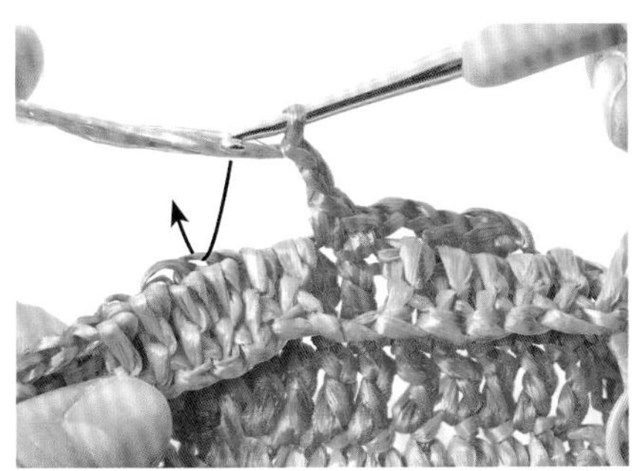

❹ X是將第1段往前倒下，挑前段針頭的外側1條線鉤織，如此重複2短針、2鎖針，鉤織1段。

第3段

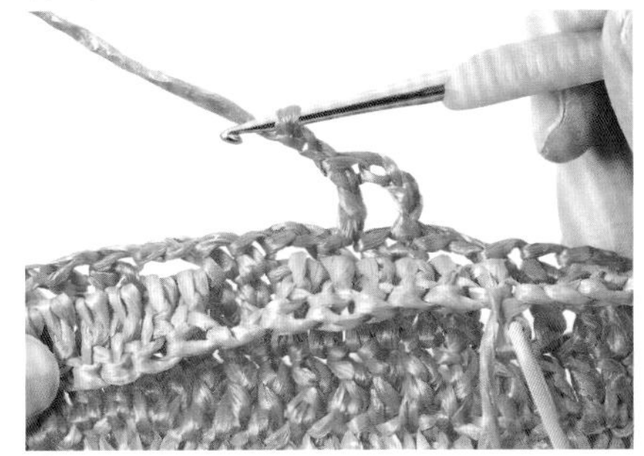

❺ 第3段繼續以珊瑚粉鉤織。同樣將第1段往前倒下，鉤織3鎖針作立起針，接著鉤1針長針與2針鎖針。

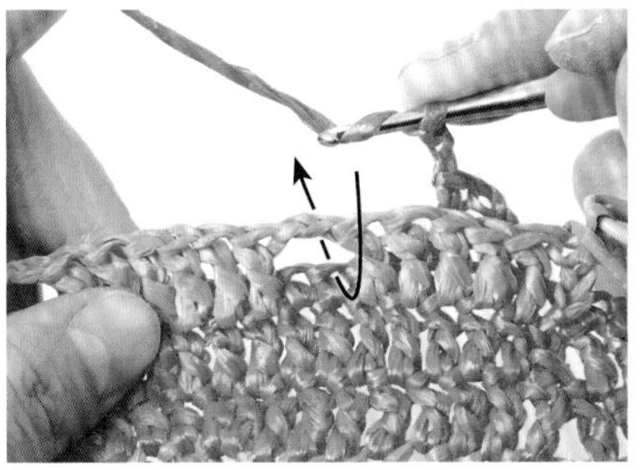

❻ 將第1段立起，將鎖針包入地鉤織長針（）。

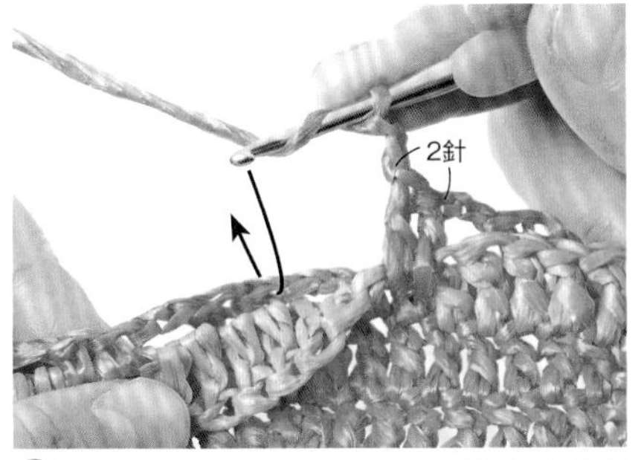

❼ 以相同方式鉤織2針後，再次將第1段往前倒下，進行鉤織。

第4段

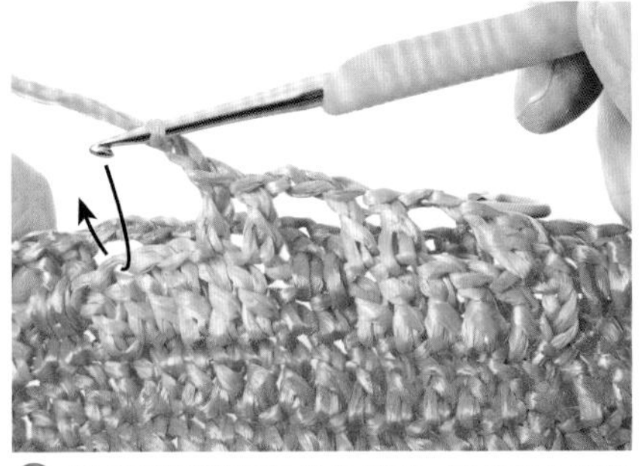

❽ 第4段是將第3段往後倒下，改換橘色線鉤織。珊瑚粉暫休針。

第5段

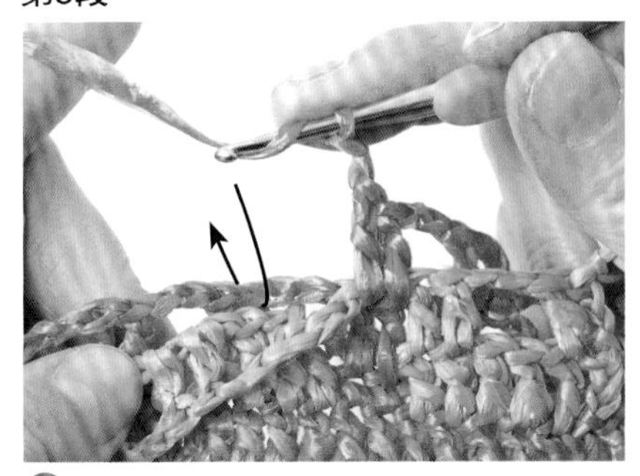

❾ 第5段改換珊瑚粉色線，鉤織方式同第3段。

第6段

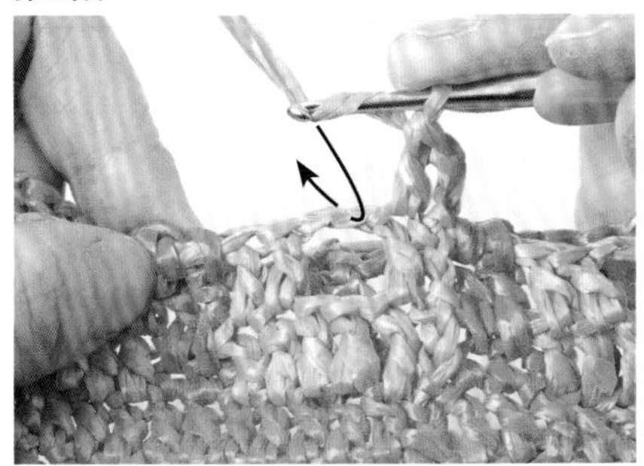

❿ 第6段改換橘色線，在第4段上挑針鉤織。第4段為鎖針時，是將鉤針穿入針目，鉤織長針。

第7段

⓫ 第7段是將第6段往前倒下，以珊瑚粉鉤織短針與鎖針。

長針第1段

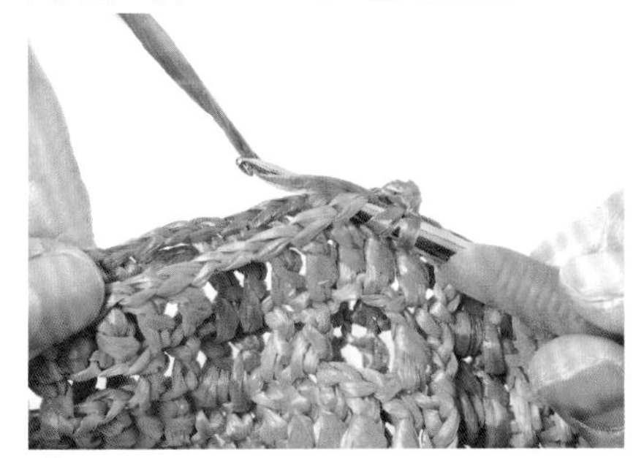

⓬ 下一段的長針，是挑第6段長針針頭的2條線與第7段短針針頭的內側1條線，共挑3條線鉤織長針，如此即可確實固定針目。前段為鎖針針目時，跳過鎖針，挑前前段鉤織。

銀色馬爾歇包 …Photo P.55

…Photo P.55

25.

●**準備材料**

線材 Hamanaka Eco Andaria（40g／球）
粉銀色（173）290g

鉤針 Hamanaka Ami Ami樂樂雙頭鉤針6/0號

●**密度** 花樣編 24.5針19段＝10㎝平方

●**尺寸** 參照織圖

●**織法**

繞線成圈作輪狀起針，織入12針短針。自第2段開始，以每段改變鉤織方向的往復輪編鉤織，參照織圖進行短針與花樣編的加針，鉤織袋底。接續以花樣編鉤織袋身，最後在袋口鉤織緣編。提把是鎖針起針9針，不加減針鉤織97段的短針，挑針綴縫成筒狀後，兩端縮口束緊。以相同方式鉤織另一條提把，接縫於袋身的指定位置即完成。

※花樣編織法請見P.84。

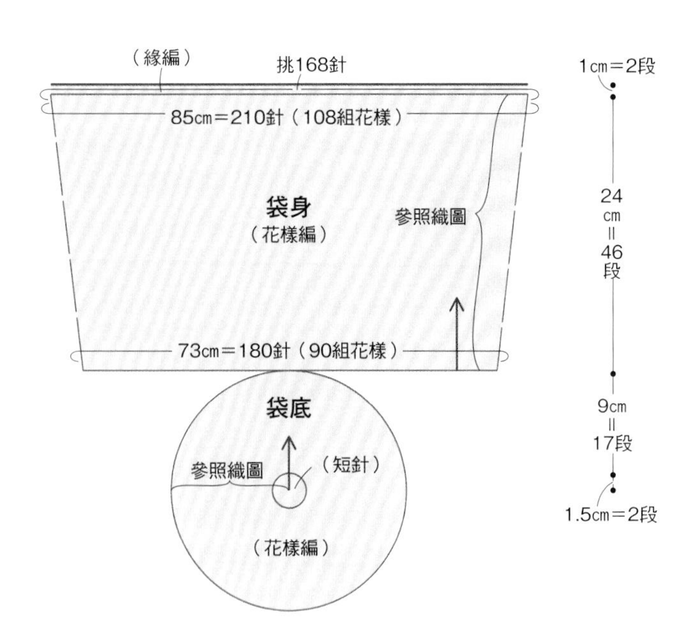

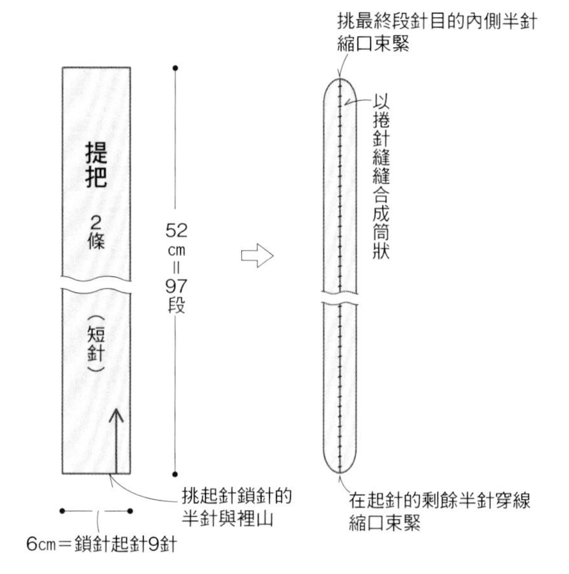

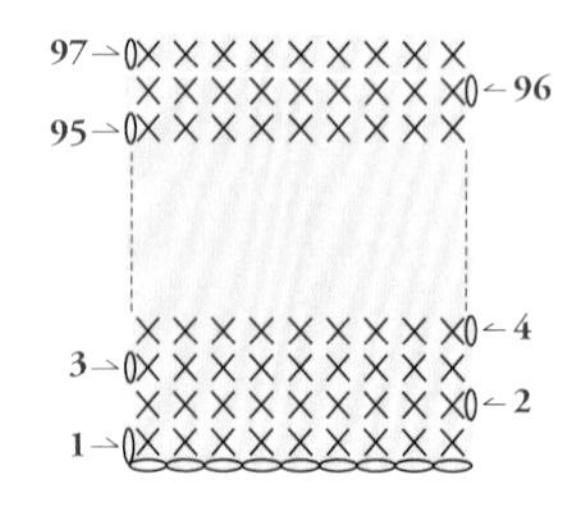

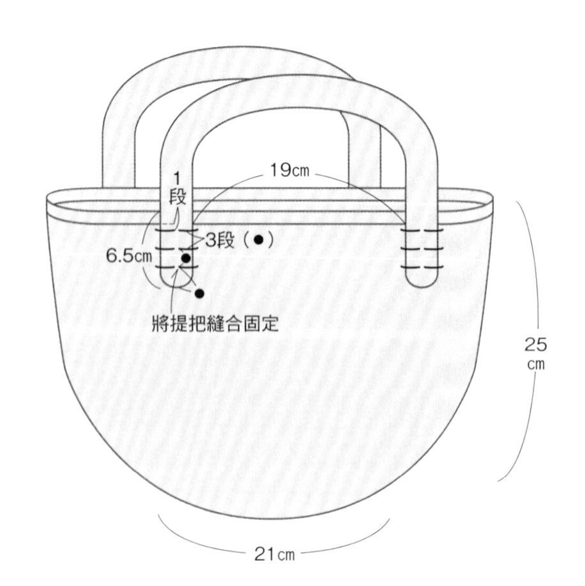

花樣編

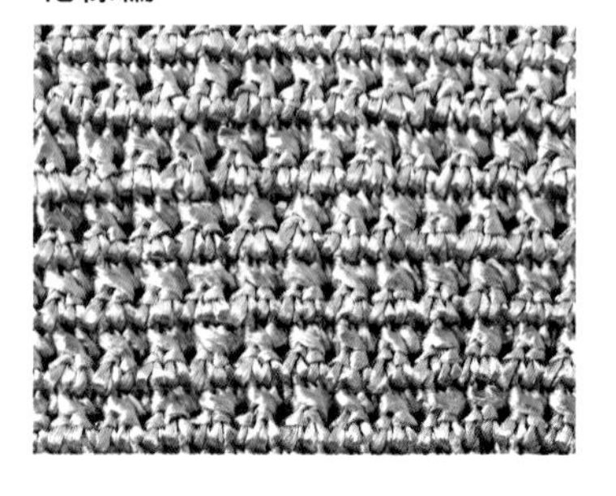

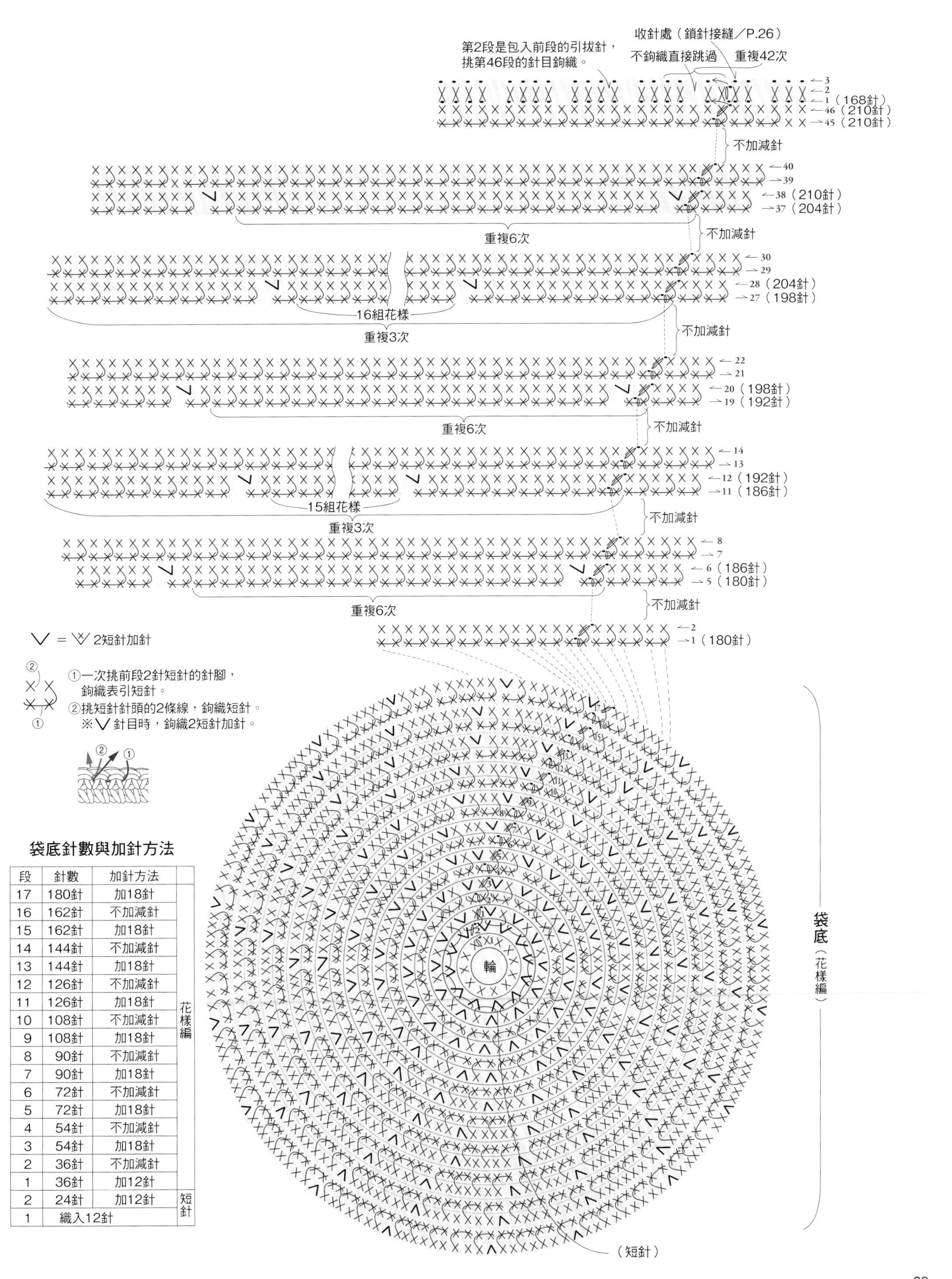

袋底針數與加針方法

段	針數	加針方法	
17	180針	加18針	花樣編
16	162針	不加減針	
15	162針	加18針	
14	144針	不加減針	
13	144針	加18針	
12	126針	不加減針	
11	126針	加18針	
10	108針	不加減針	
9	108針	加18針	
8	90針	不加減針	
7	90針	加18針	
6	72針	不加減針	
5	72針	加18針	
4	54針	不加減針	
3	54針	加18針	
2	36針	不加減針	
1	36針	加12針	
2	24針	加12針	短針
1	織入12針		

花樣編的織法　以袋底的起針進行解說。

短針第1段

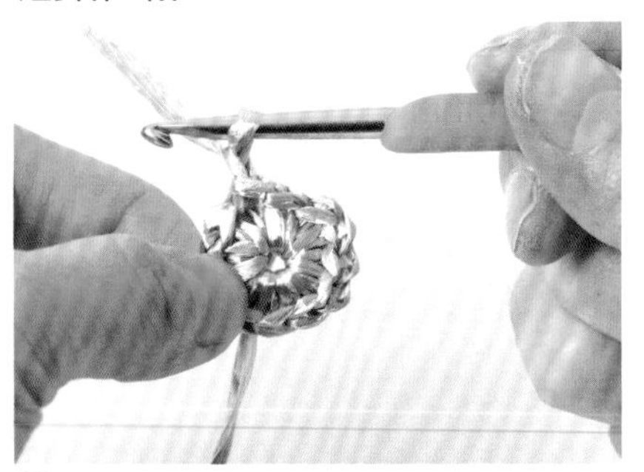

❶ 繞線成圈作輪狀起針，織入12針短針。接著鉤織第2段立起針的鎖針。

第2段

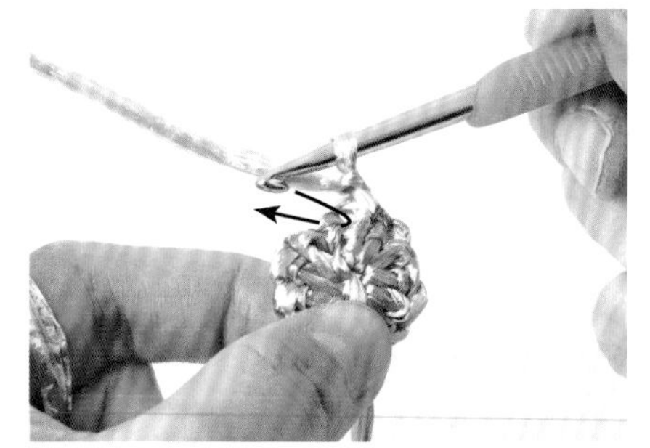

❷ 將織片翻至背面。第2段以「2短針加針」增加針目。

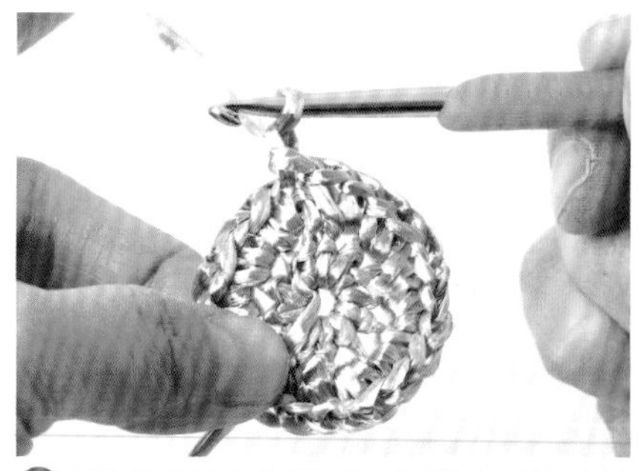

❸ 第2段鉤織完成的模樣。鉤織下一段立起針的鎖針。

花樣編第1段（表引短針）

❹ 花樣編的第1段。將織片翻回正面，鉤針如圖示橫向穿過2短針的針腳，一次挑2針，包含前段的立起針（P.24）。

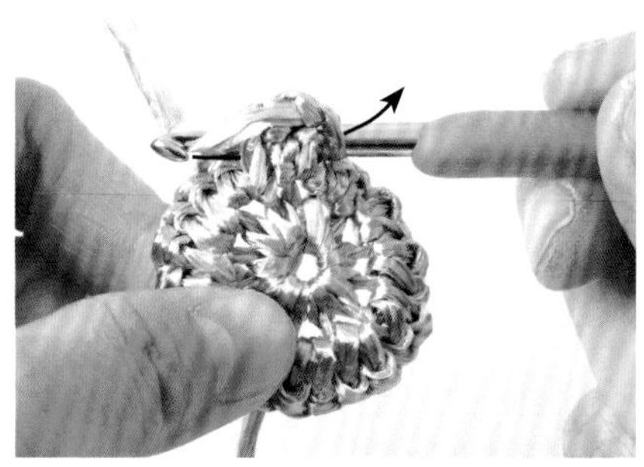

❺ 掛線鉤出。

❻ 鉤針掛線，一次引拔2個線圈。

（2短針加針）

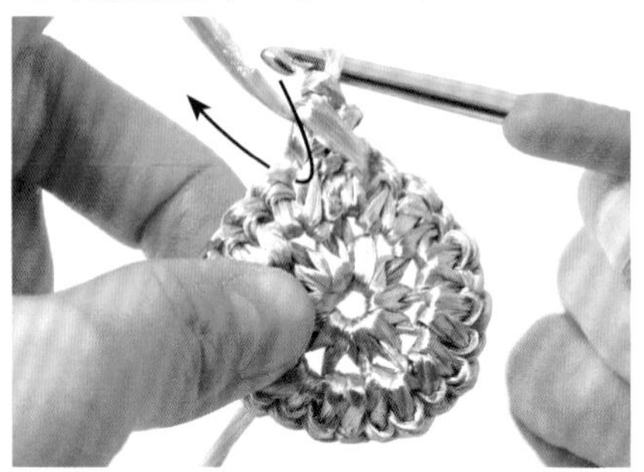

❼ 完成「表引短針」後，下一針是將鉤針穿入步驟❹第2針的短針針頭，織入2針短針。

❽ 織入2針的模樣。接下來，鉤針穿入步驟❼相鄰的下2針短針腳針，一次挑2針。

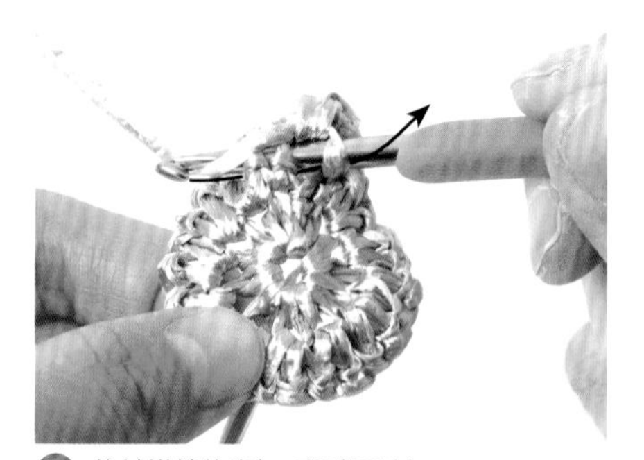

❾ 鉤針掛線鉤出(＝表引短針)。

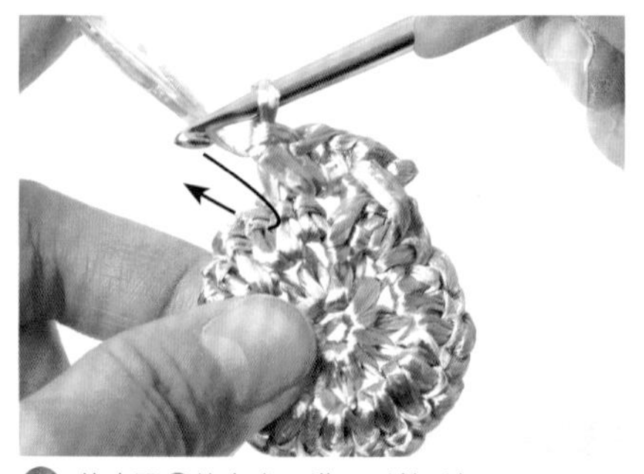

❿ 依步驟❼的方式，織入2針短針。

⓫ 同步驟❽，挑2針短針的針腳，鉤織「表引短針」

⓬ 重複步驟❽至⓫，鉤織1段。最後，鉤針穿入「表引短針」的針頭，鉤織引拔針。

雙線混色托特包 …Photo P.54

…Photo P.54

24.

●準備材料

線材 Hamanaka Eco Andaria《Colorful》（40g／球）
藏青色的段染（224）150g
Eco Andaria《Crochet》（30g／球）紅色（805）75g

鉤針 Hamanaka Ami Ami樂樂雙頭鉤針8/0號

●密度

短針（袋底、袋身）13針16段＝10cm平方
短針（提把）5針＝3.5cm、14段＝10cm

●尺寸 參照織圖

●織法

Eco Andaria《Colorful》與Eco Andaria《Crochet》各取1條線，以雙線一起鉤織。

鎖針起針37針從袋底開始鉤織，以往復編的短針鉤織12段，接著沿袋底四周挑104針短針，以不加減針的短針往復編，鉤織38段的袋身。在指定位置接線鉤織提把，分別以短針鉤織18段後，兩兩接合以捲針縫併縫。提把除兩端各9段不縫，中央部分皆對摺以捲針縫併縫。

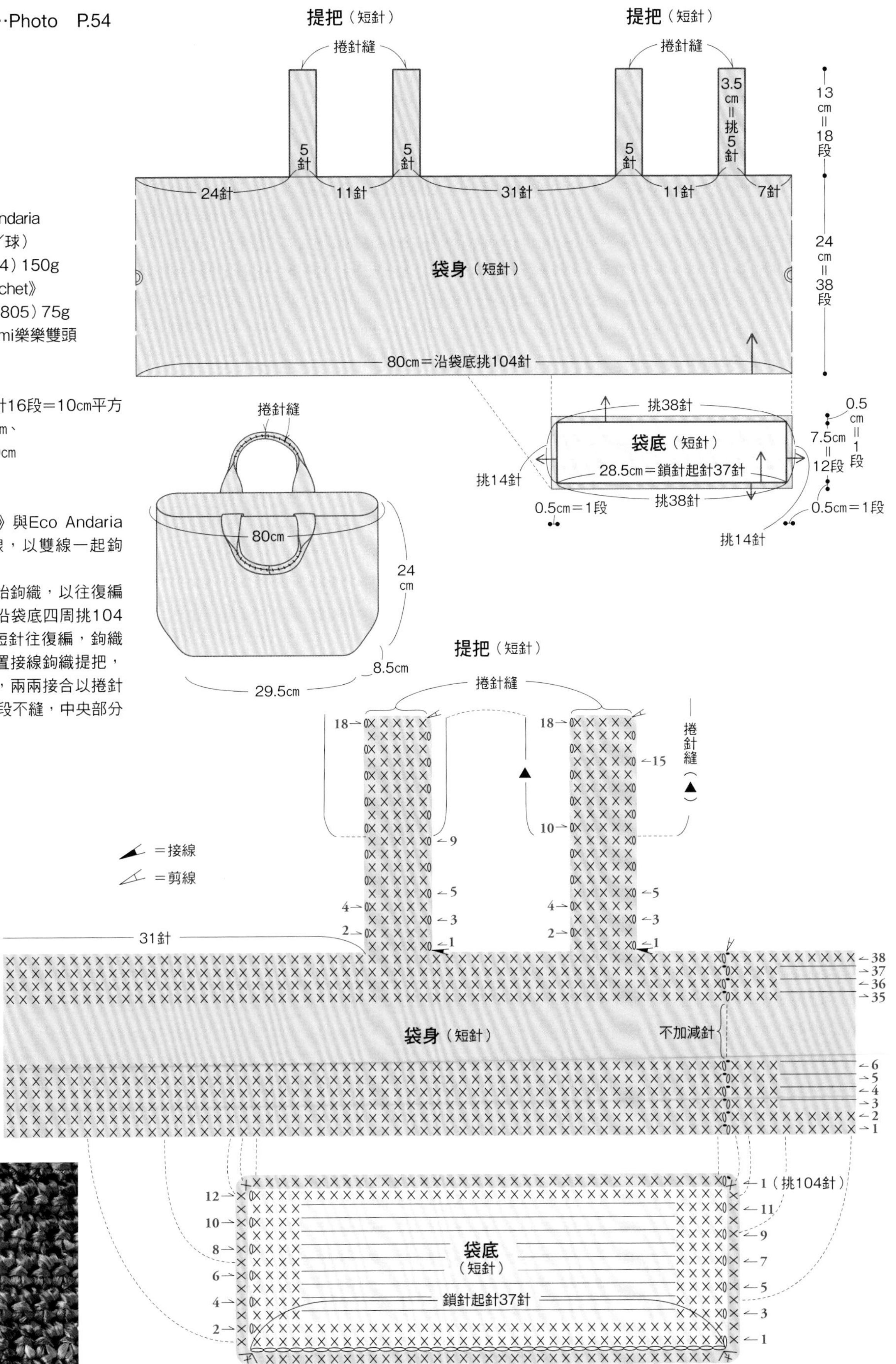

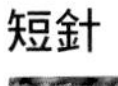
短針

涼夏雙色馬歇爾包 …Photo P.60

31.

32.

●**準備材料**

線材 Hamanaka Eco Andaria（40g／球）

31.黃色（11）75g 白色（1）65g

32.復古藍（66）75g 白色（1）65g

鉤針 Hamanaka Ami Ami樂樂雙頭鉤針6/0號

●**密度** 短針 16針19段＝10cm平方

花樣編 1組花樣＝4cm、1組花樣（4段）＝4cm

●**尺寸** 參照織圖

●**織法**

取1條線，依指定配色鉤織。

繞線成圈作輪狀起針，參照織圖一邊進行短針的加針，一邊鉤織袋底。接著以不加減針的花樣編鉤織袋身，每鉤1段就換色，但是不剪斷織線，而是一邊在背面渡線，一邊進行鉤織。最後在袋口鉤織緣編。鎖針起針45針鉤織提把，參照織圖鉤織2條，接縫於指定位置即可。

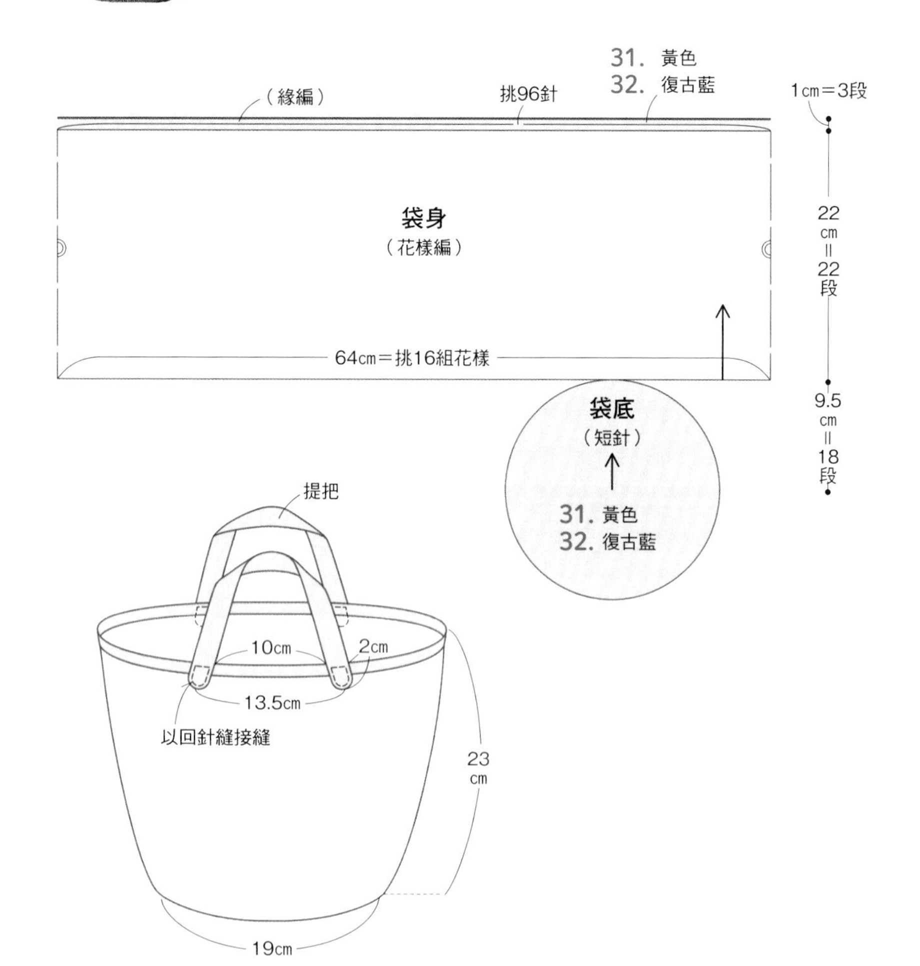

袋底的針數與加針方法

段	針數	加針方法
18	96針	每段加6針
17	90針	
16	84針	
15	78針	不加減針
14	78針	每段加6針
13	72針	
12	66針	
11	60針	
10	54針	
9	48針	不加減針
8	48針	每段加6針
7	42針	
6	36針	
5	30針	
4	24針	
3	18針	
2	12針	
1	織入6針	

提把（短針・引拔針） 2條 31. 黃色 32. 復古藍

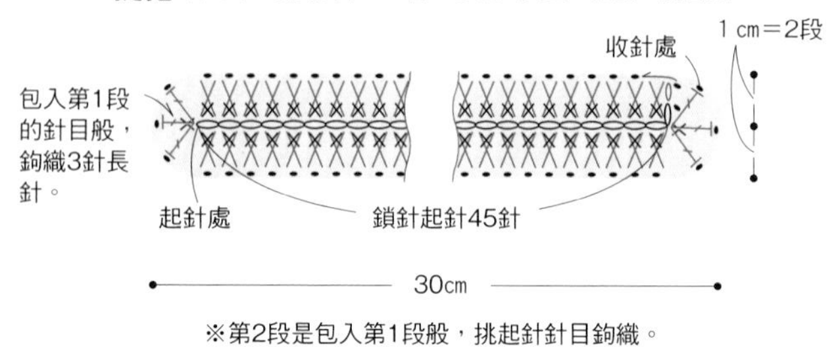

※第2段是包入第1段般，挑起針針目鉤織。

花樣編

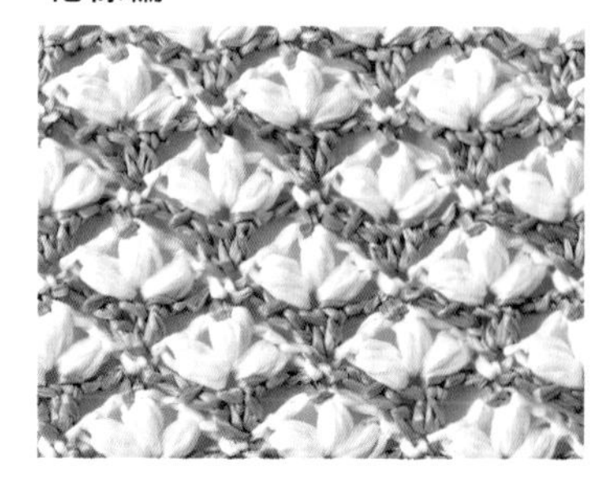

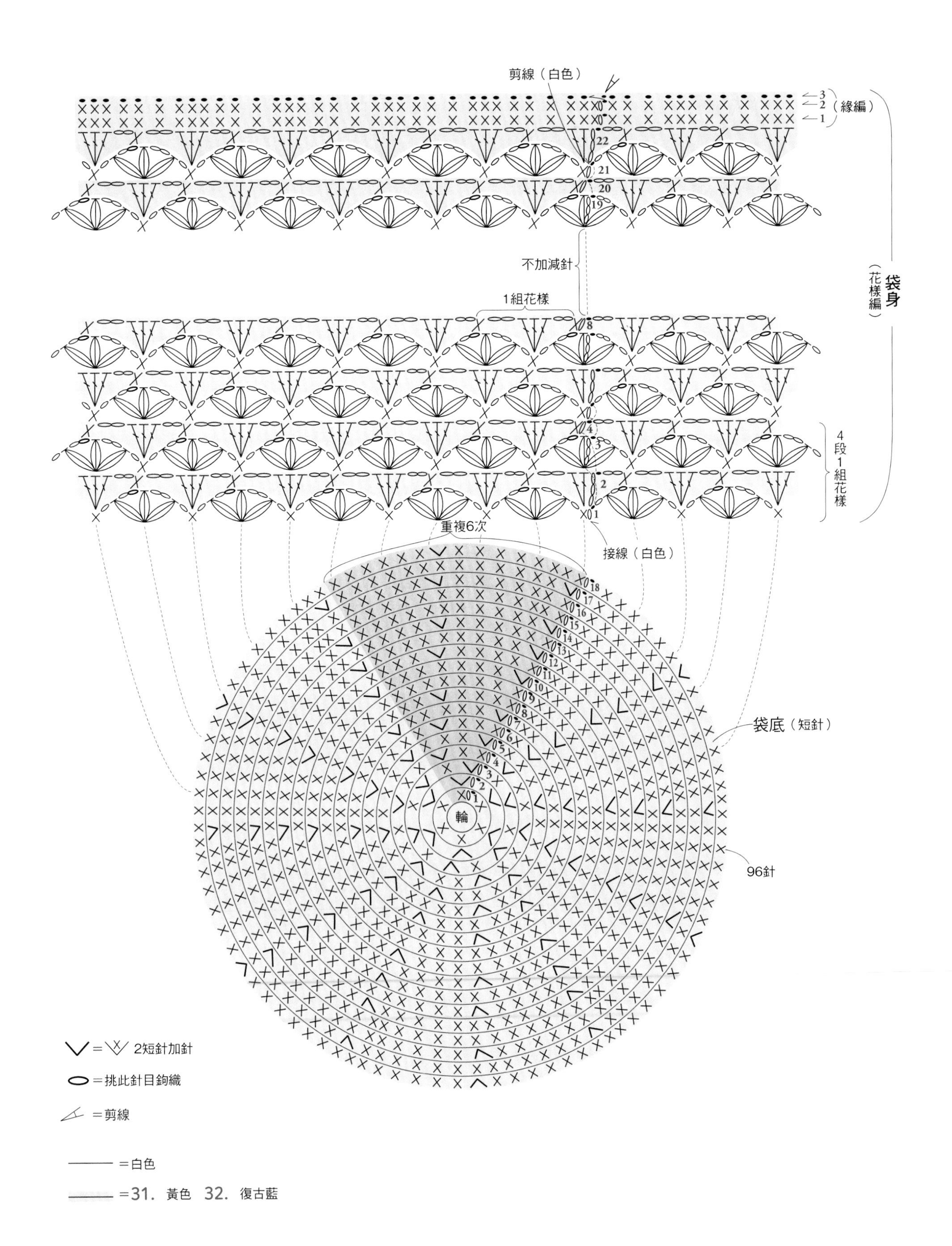

剪線（白色）
（緣編）
袋身（花樣編）
不加減針
1組花樣
4段1組花樣
重複6次
接線（白色）
袋底（短針）
輪
96針
＝2短針加針
＝挑此針目鉤織
＝剪線
＝白色
＝31. 黃色 32. 復古藍

松編小肩包 …Photo P.61

33.

準備材料

線材 Hamanaka Eco Andaria（40g／球）
黃色（11）30g 卡其色（59）5g

鉤針 Hamanaka Ami Ami樂樂雙頭鉤針
7/0號、6/0號

其他 直徑1.2㎝的按釦1組

密度

花樣編 2組花樣＝6.5㎝、2組花樣（4段）＝3.5㎝
短針（6/0號）18.5針＝10㎝、3段＝1.5㎝

尺寸 參照織圖

織法

取1條線，依指定配色鉤織。除指定以外皆以6/0號鉤針鉤織。

鎖針起針12針從袋底開始鉤織，參照織圖，一邊加針一邊以短針鉤織2段。改換配色線，以不加減針的花樣編鉤織9段袋身。接著鉤織袋口3段的短針與中長針，注意第3段要改換卡其色鉤織。背帶是鎖針起針2針，以短針鉤織130段。花朵織片是繞線作輪狀起針，參照織圖鉤織。將背帶縫於袋口內側，袋口中央縫上按釦，最後在袋身以回針縫接縫花朵織片。

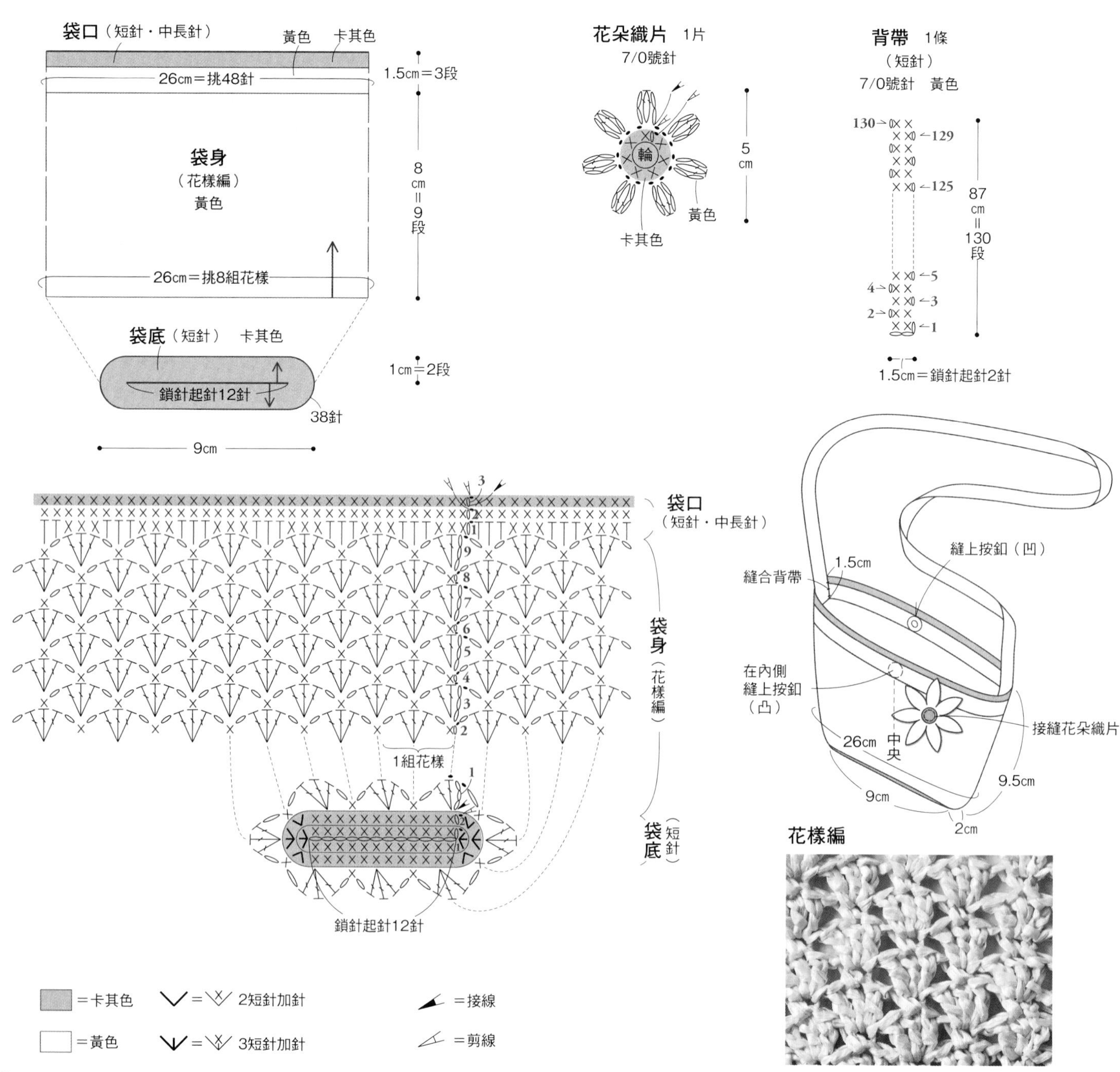

松編托特包 …Photo P.61

34.

●準備材料

線材 Hamanaka Eco Andaria（40g／球）
卡其色（59）160g

鉤針 Hamanaka Ami Ami樂樂雙頭鉤針7/0號、6/0號

●**密度** 短針（6/0號針）18針＝10cm、7段＝3.5cm
短針（7/0號針）17.5針＝10cm、6段＝3.5cm
花樣編 1組花樣＝約4.5cm強 9.5段＝10cm

●**尺寸** 參照織圖

●**織法**

取1條線鉤織。

鎖針起針25針從袋底開始鉤織，參照織圖一邊加針，一邊以短針鉤織7段。接著改換針號，接續以花樣編鉤織袋身，最後在袋口鉤織短針和中長針。鎖針起針5針，鉤織90段短針的提把，兩側以捲針縫縫合成筒狀，以相同方式鉤織另一條，縫於指定位置即可。

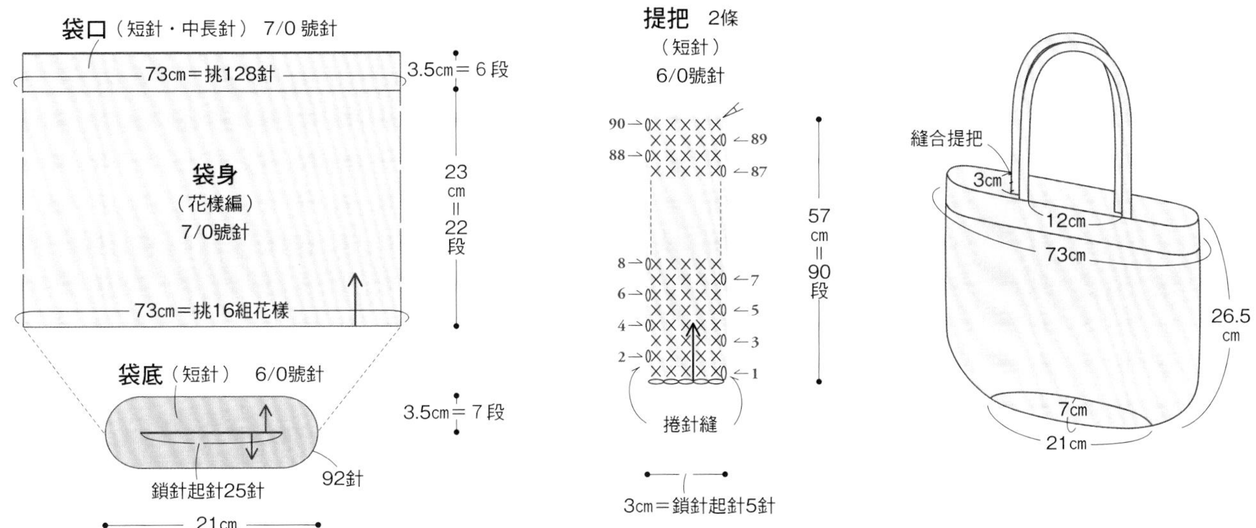

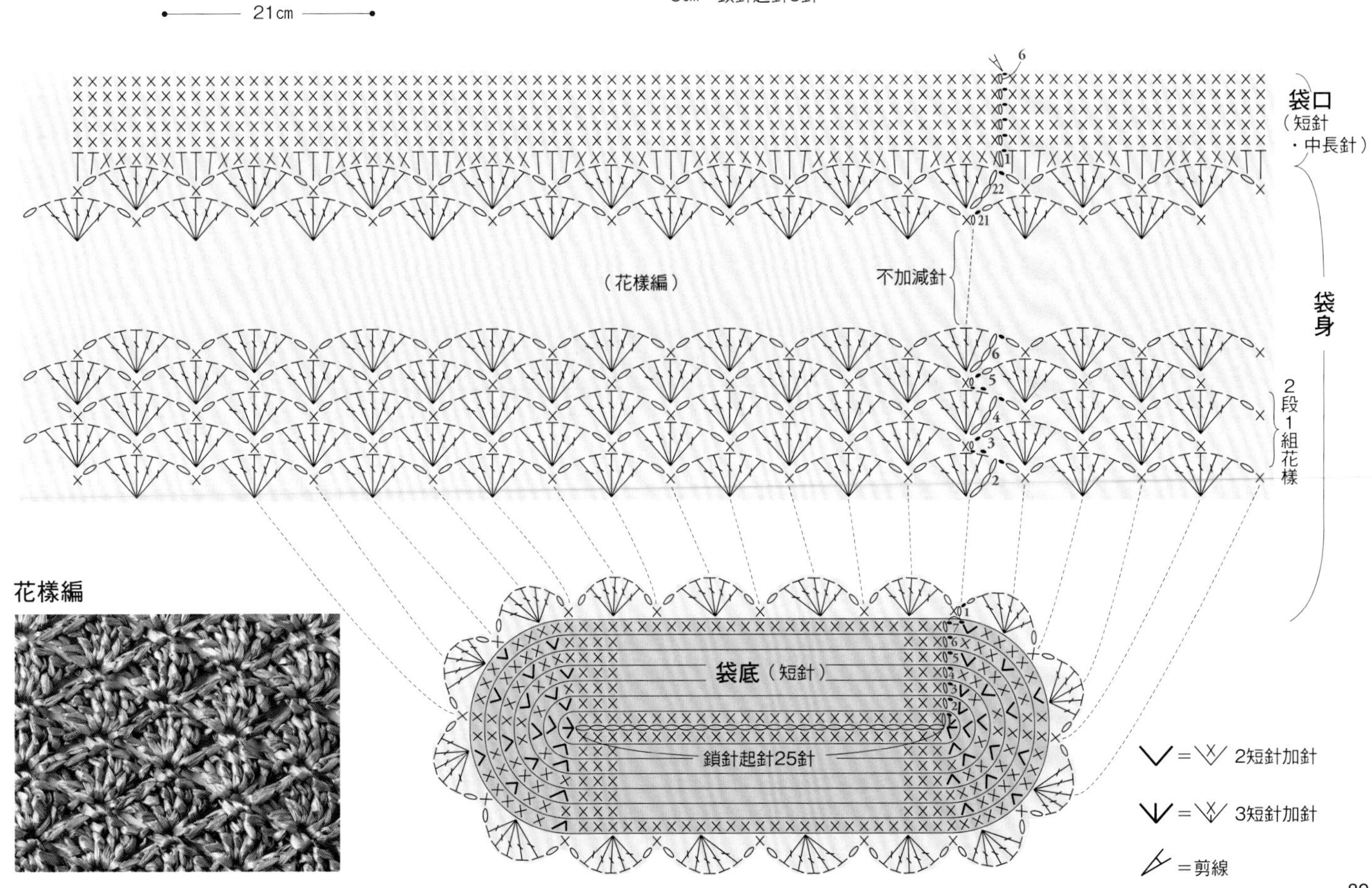

花朵釦飾馬爾歐包 …Photo P.57

● **準備材料**

線材 Hamanaka Eco Andaria（40g／球）粉金色（171）
27.［大］210g 28.［小］110g

鉤針 Hamanaka Ami Ami樂樂雙頭鉤針6/0號

其他 Hamanaka手縫型磁釦 古銅（H206-049-3）各1組

● **密度** 花樣編 20.5針15段＝10㎝平方

● **尺寸** 參照織圖

● **織法**

取1條線鉤織。

繞線成圈作輪狀起針，開始鉤織袋底＆袋身，參照織圖進行花樣編的加針，27.鉤織52段、28.鉤織34段後，暫休針。分別在袋身兩側的指定位置接線，鉤織緣編與提把。27.鉤59針鎖針、28.鉤55針鎖針，作為提把的起針針目，以先前暫休針的織線接續鉤織3段。釦蓋的花朵織片，繞線作輪狀起針，依織圖鉤織完成後，以引拔針接縫於背面的袋口。最後以同色線分別縫合磁釦即可。

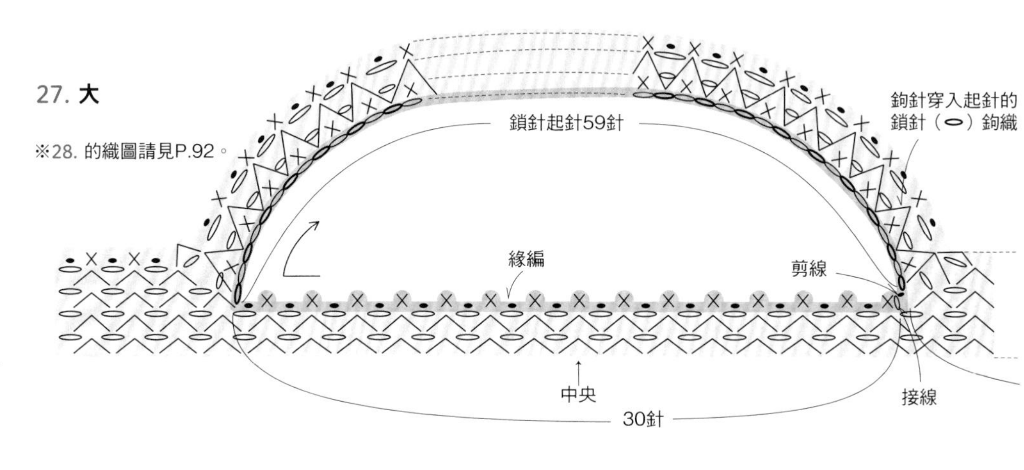

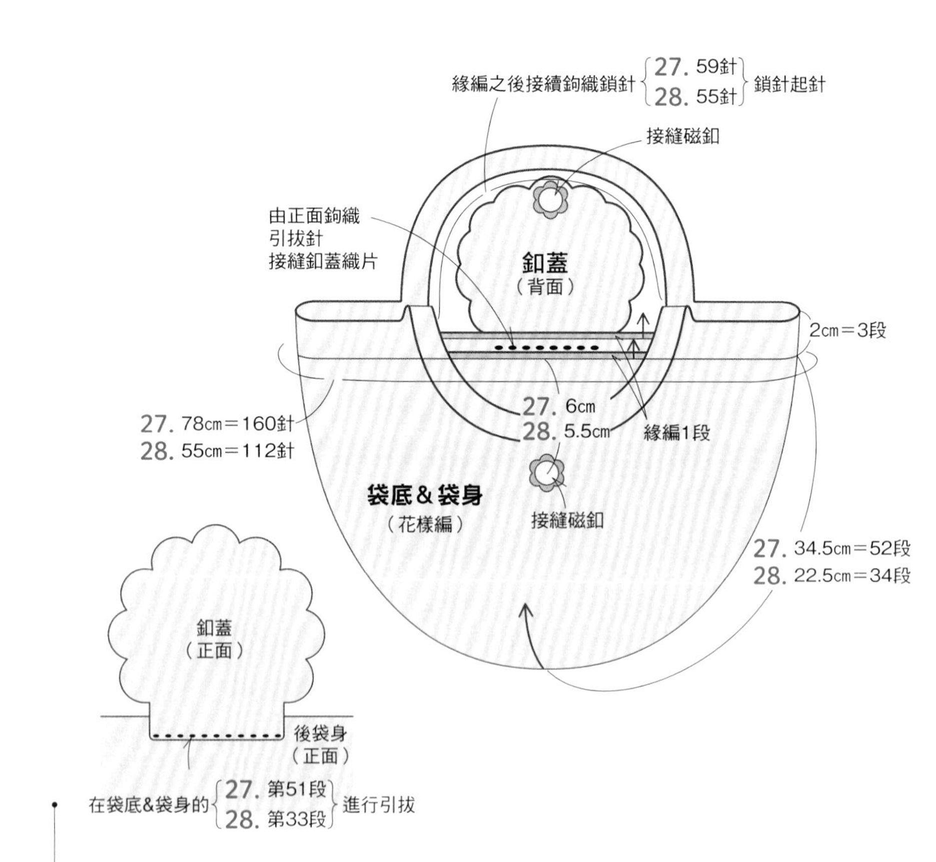

釦蓋織片（27.與28.通用） 1片

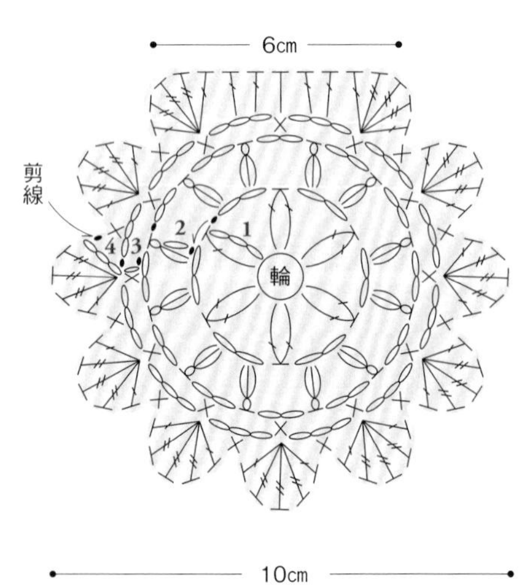

＝3中長針的變形玉針

花樣編

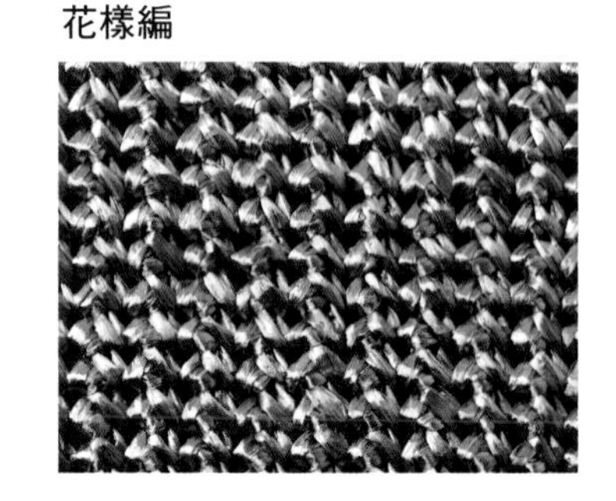

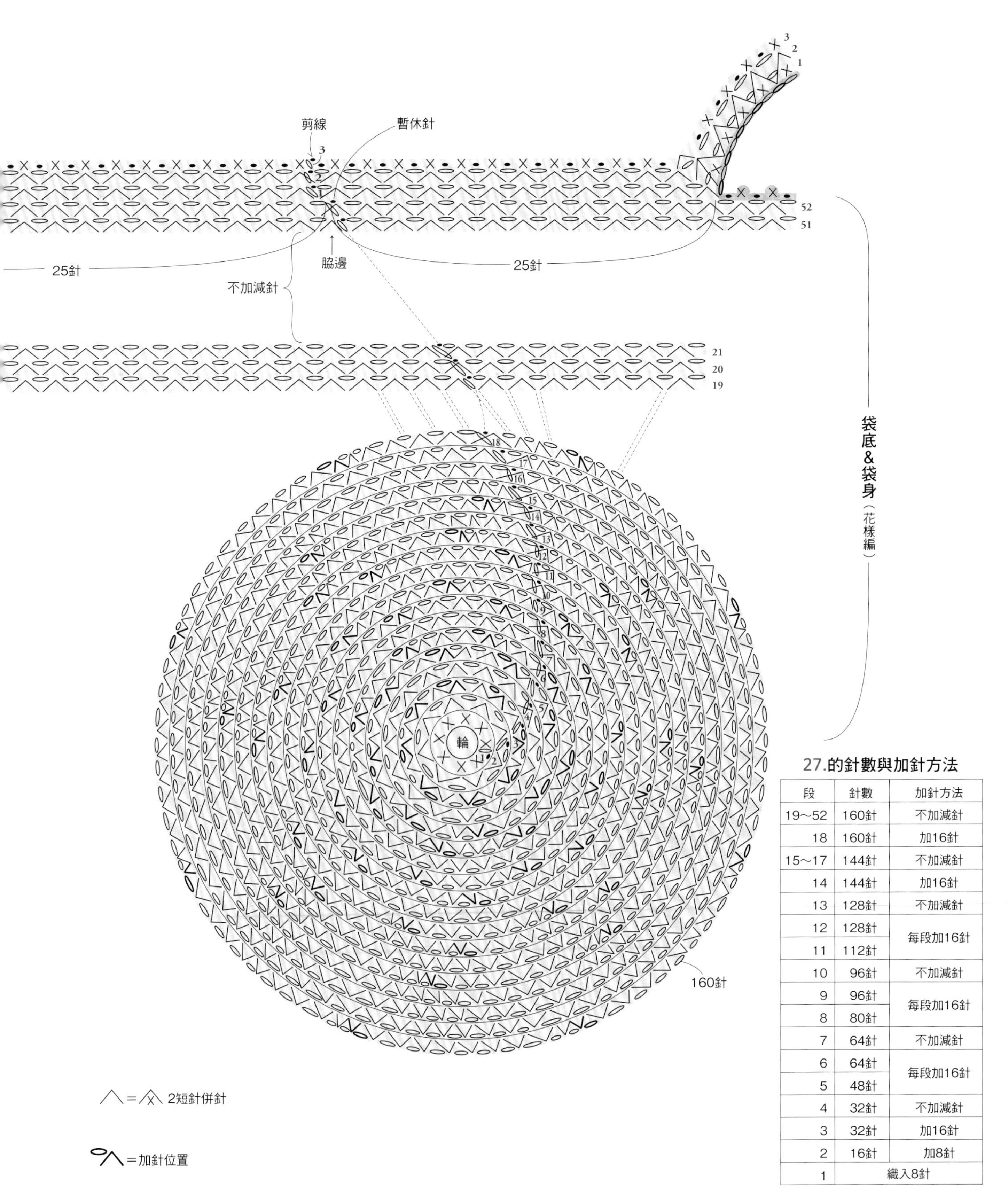

27.的針數與加針方法

段	針數	加針方法
19～52	160針	不加減針
18	160針	加16針
15～17	144針	不加減針
14	144針	加16針
13	128針	不加減針
12	128針	每段加16針
11	112針	
10	96針	不加減針
9	96針	每段加16針
8	80針	
7	64針	不加減針
6	64針	每段加16針
5	48針	
4	32針	不加減針
3	32針	加16針
2	16針	加8針
1	織入8針	

28. 小

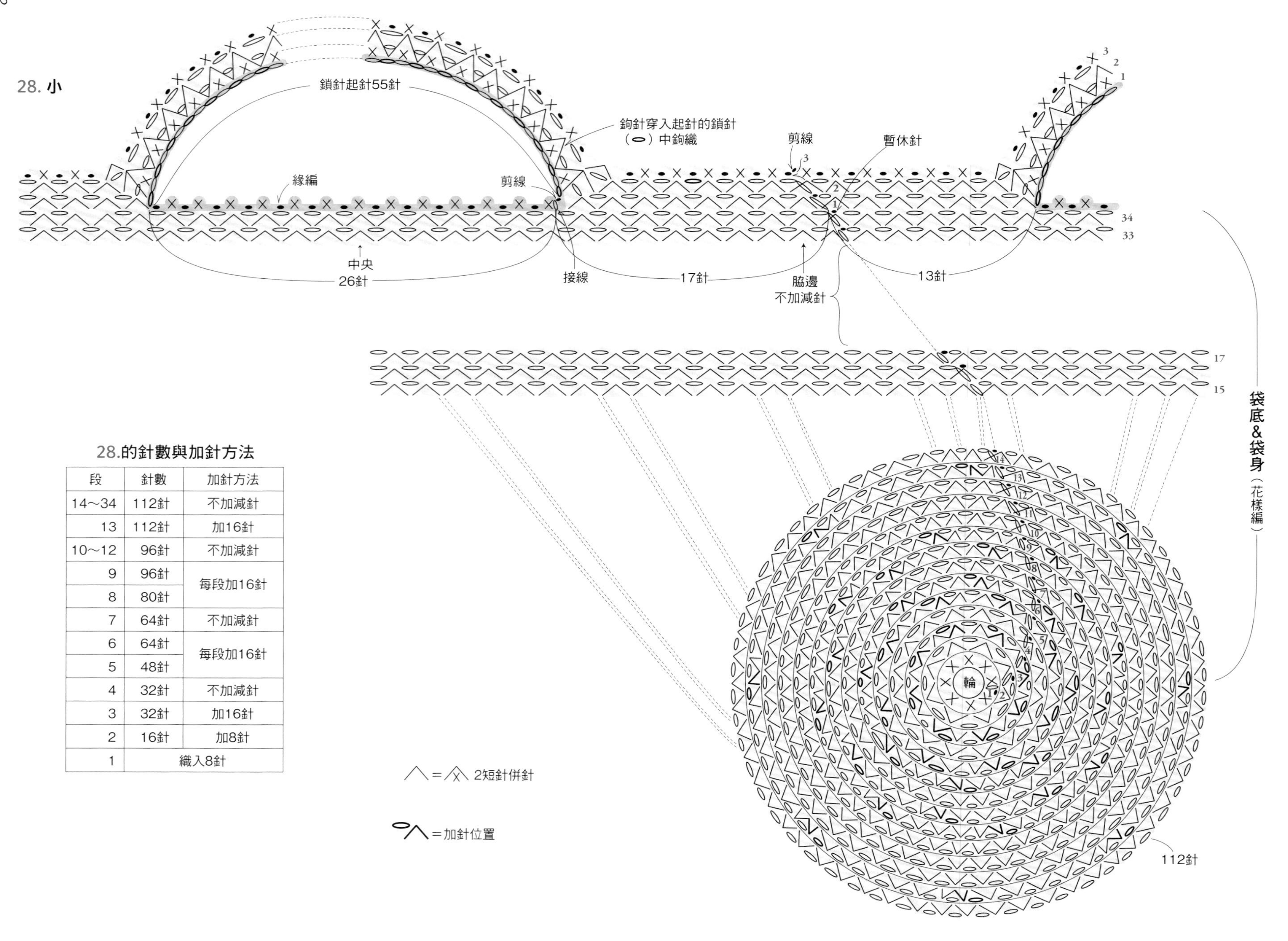

28.的針數與加針方法

段	針數	加針方法
14～34	112針	不加減針
13	112針	加16針
10～12	96針	不加減針
9	96針	每段加16針
8	80針	
7	64針	不加減針
6	64針	每段加16針
5	48針	
4	32針	不加減針
3	32針	加16針
2	16針	加8針
1	織入8針	

鉤針編織基礎

[針目記號]

鎖針

1

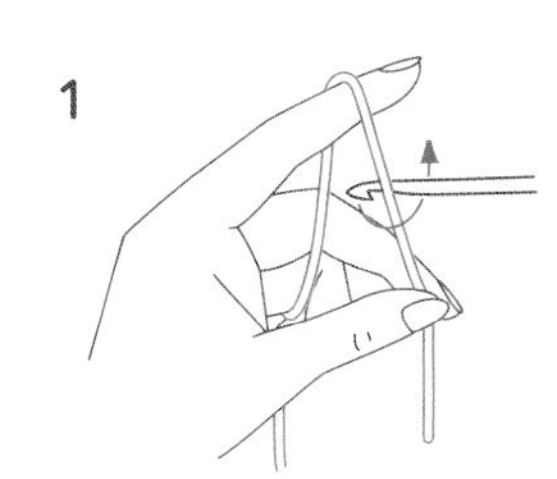

2

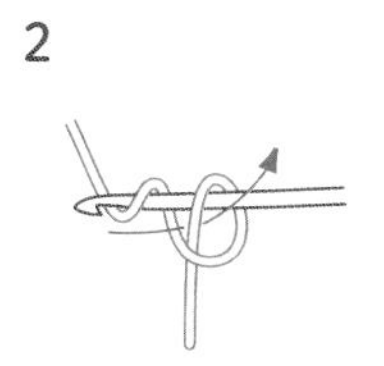

3

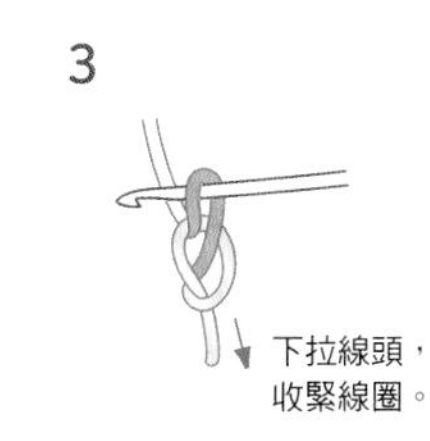

4

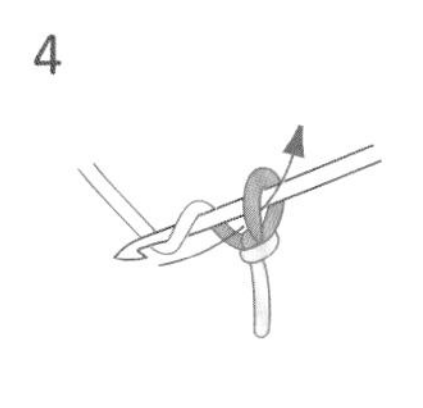

5

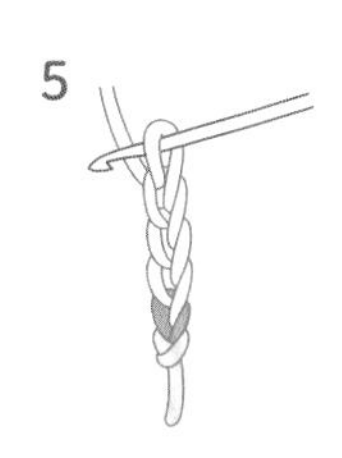

短針

1

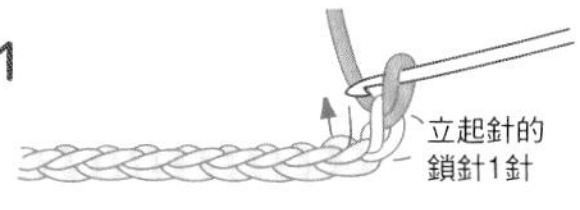

鉤1針鎖針作為立起針，
挑起針的第1針。

2

鉤針掛線，依箭頭指示鉤出織線。

3

鉤針掛線，一次引拔鉤針上的
所有線圈。

4

完成1針短針。
短針的立起針鎖針
不算作1針。

5

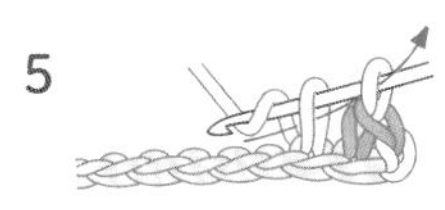

重複步驟
1至3。

6

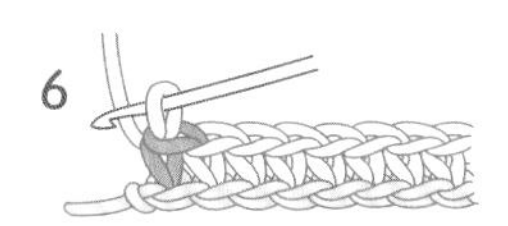

中長針

1

立起針的
鎖針2針

鉤2針鎖針作為立起針。
鉤針掛線，挑起針的第2針。

2

鉤針掛線，依箭頭指示
鉤出2鎖針長的高度。

3

鉤針掛線，一次引拔鉤針上的
所有線圈。

4

完成1針中長針。
立起針的鎖針算作1針。

5

重複步驟1至3。

6

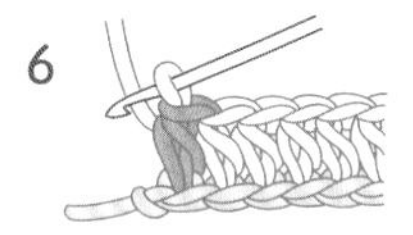

長針

1

立起針的
鎖針3針

鉤3針鎖針作為立起針。
鉤針掛線，挑起針的第2針。

2

鉤針掛線，依箭頭指示鉤出
二分之一的段高。

3

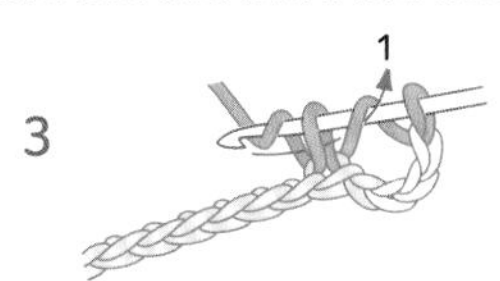

鉤針掛線，
鉤出至1段的高度。

4

鉤針掛線，一次引拔掛於
鉤針上的線圈。

5

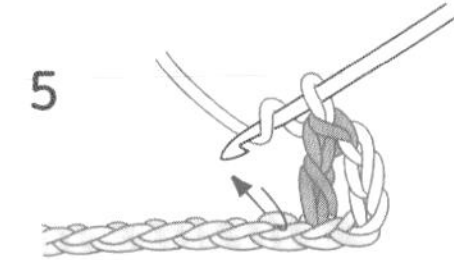

完成1針長針。
立起針的鎖針算作1針。

6

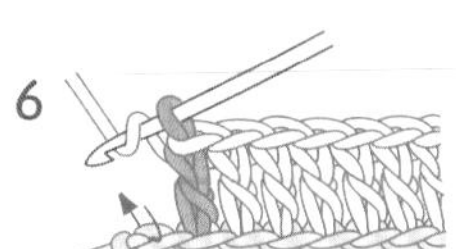

重複步驟1至4。

引拔針

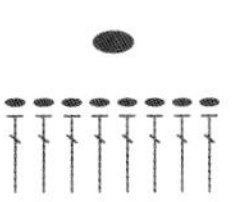

1

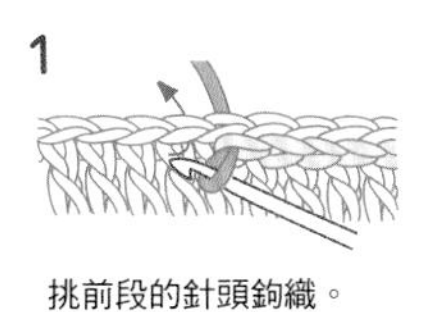

挑前段的針頭鉤織。

2

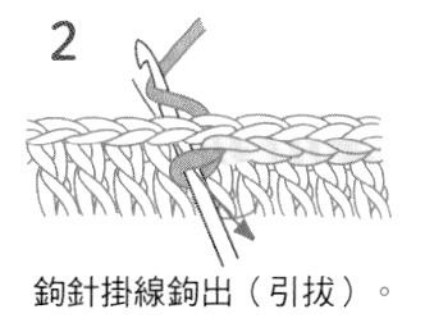

鉤針掛線鉤出（引拔）。

3

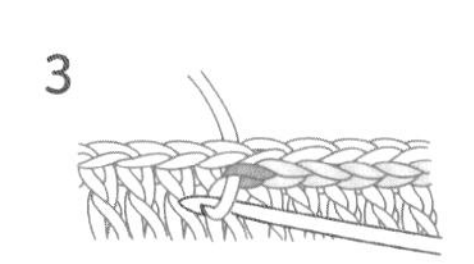

重複步驟1、2，
針目織得稍鬆卻不至於歪斜的程度。

長長針

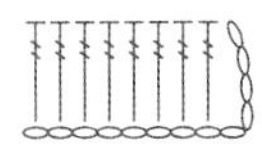

1

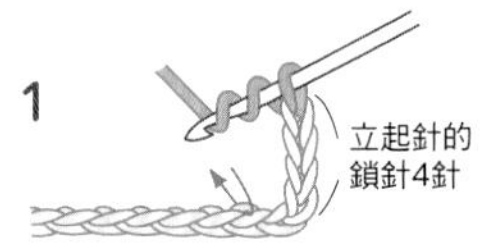

鉤4針鎖針作為立起針。
鉤針掛線2次，挑起針的第2針。

2

鉤針掛線，
依箭頭指示鉤出三分之一的段高。

3

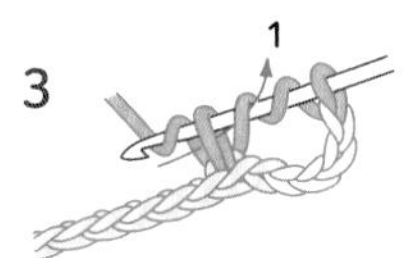

鉤針掛線，
引拔鉤針上前2個線圈。

4

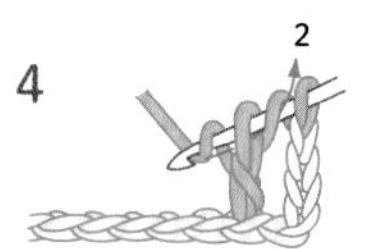

鉤針掛線，再次引拔前2個線圈。

5

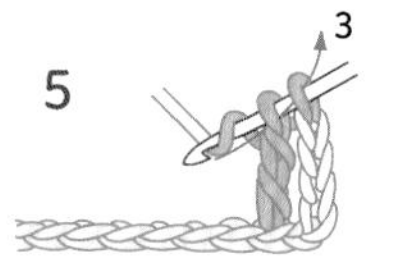

鉤針掛線，引拔最後2線圈。

6

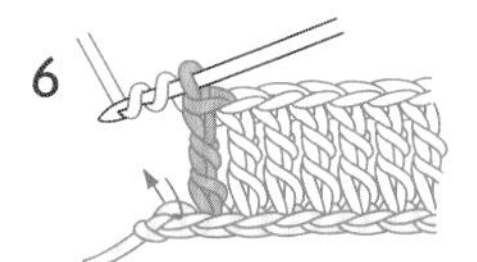

重複步驟1至5。
立起針的鎖針算作1針。

2短針加針

1

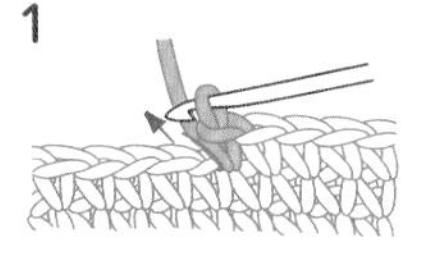

鉤織1針短針，
再次於同一針目挑針鉤織。

2

增加1針。

2中長針加針

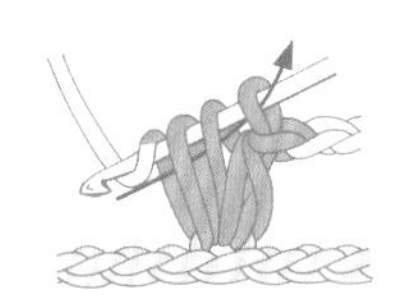

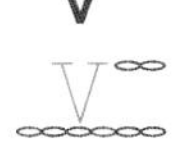

鉤織1針中長針，
再次於同一針目挑針，
鉤織中長針。

2長針加針

1

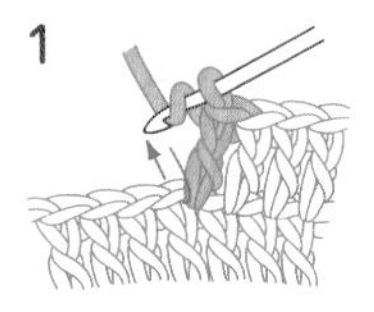

鉤織1針長針，
鉤針再次穿入同一針目。

2

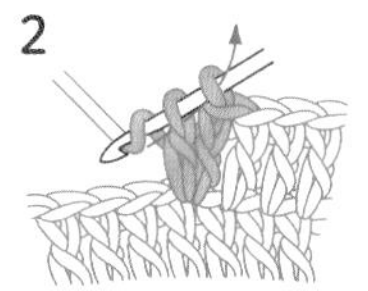

鉤織針目高度一致的
長針。

3

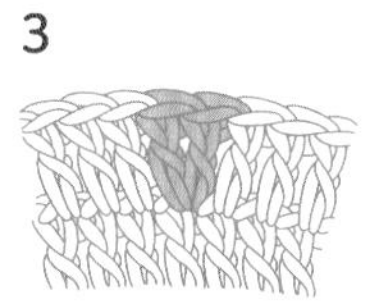

增加1針。

※即使織入的針數增加，也是以相同要領鉤織。

3短針加針

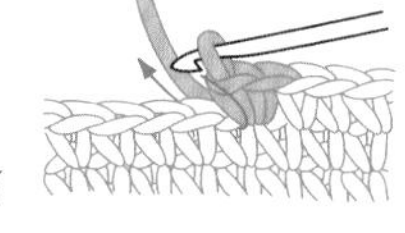

以「2短針加針」的要領，將鉤針穿入同一針目，
鉤織3針短針。

2短針併針

1

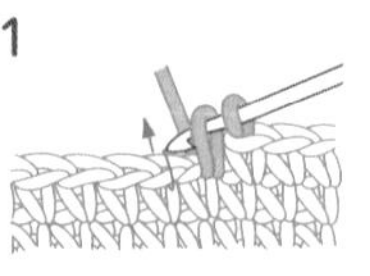

鉤出第1針的織線，
接著直接在下一針
鉤出織線。

2

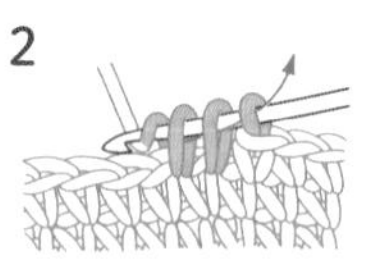

鉤針掛線，一次引拔
鉤針上的所有線圈。

3

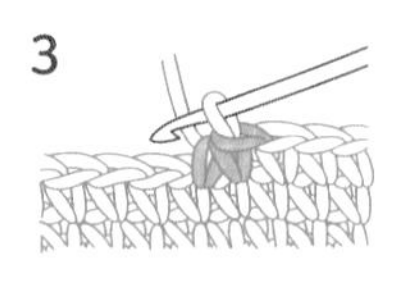

2針短針變成1針。

與 的區別 ※參照P.32。

針腳
相連時

鉤針穿入前段的
1針中鉤織。

針腳
分開時

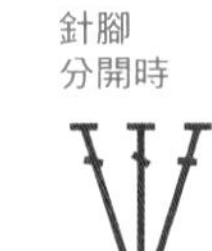

鉤針穿入鎖針下方空隙，
將整段挑束鉤織。

2長針併針

1

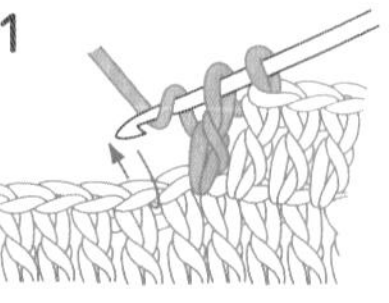

鉤織未完成的長針，
接著穿入下一針目，
鉤出織線。

2

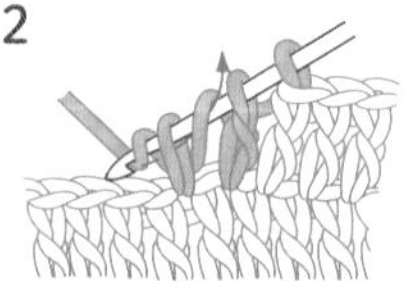

同樣鉤織未完成的長針。

3

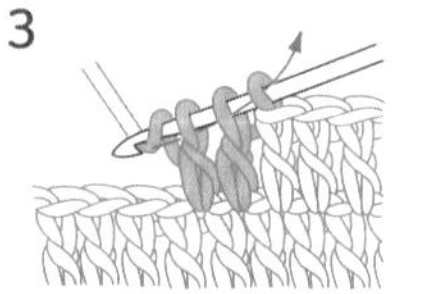

2針的高度要一致，
一次引拔鉤針上
所有線圈。

4

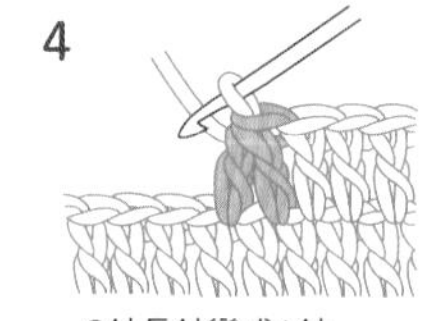

2針長針變成1針。

短針的筋編

1

僅挑前段短針針頭外側的
1條線。

2

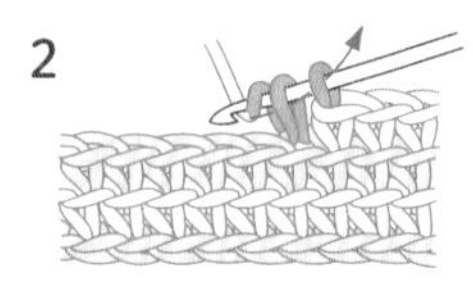

鉤織短針。

3

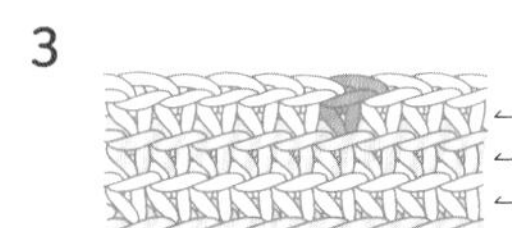

前段針目的內側1條線浮凸
於織片，呈現條紋狀。

3中長針的玉針

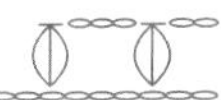

※2中長針的玉針，
也是以相同要領鉤織。

1

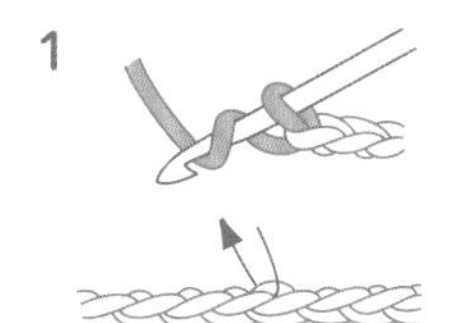

鉤針掛線，依箭頭指示穿入，
鉤出織線。
（未完成的中長針）

2

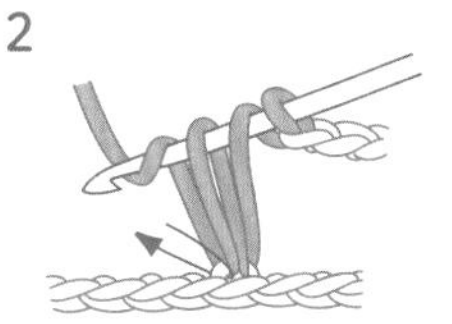

在同一針目鉤織第2針
未完成的中長針。

3

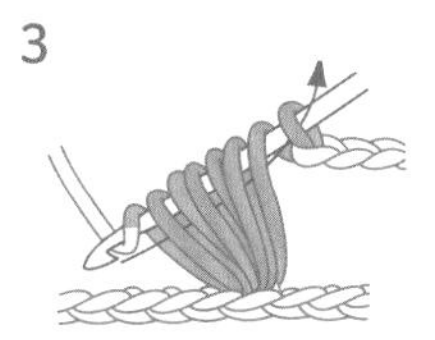

繼續在同一針目鉤織第3針
未完成的中長針，
3針高度一致，一次引拔。

4

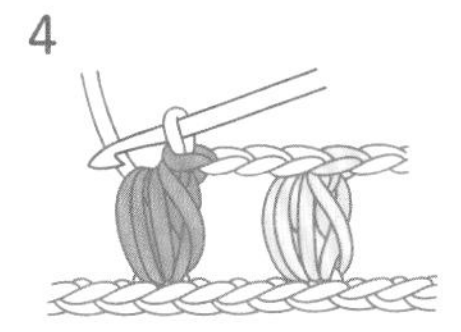

3中長針的變形玉針

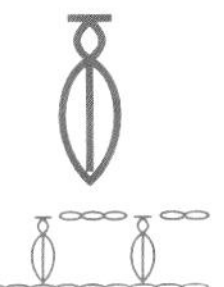

1

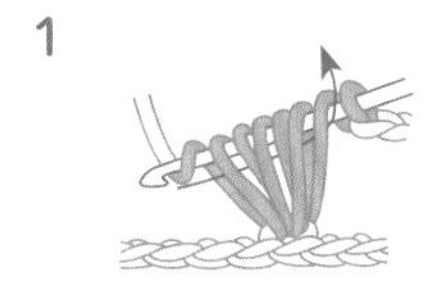

依3中長針的玉針要領，
挑針鉤3針，
依箭頭指示引拔。

2

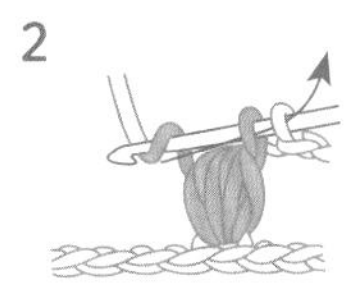

鉤針掛線，
一次引拔2線圈。

3

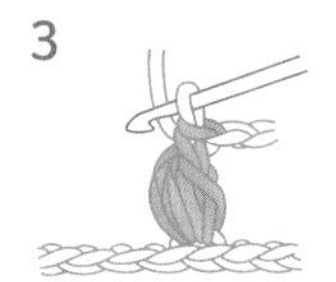

2中長針的變形玉針

※「2中長針的玉針變化款」
是依相同要領，
鉤織2針中長針。

3長針的玉針

1

鉤織至長針中途
（未完成的長針）。

2

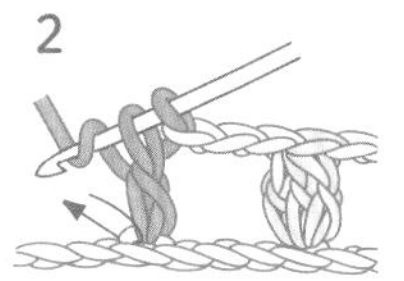

在同一針目鉤織第2針
未完成的長針。

3

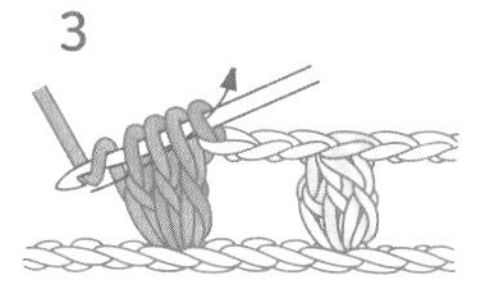

繼續在同一針目鉤織第3針
未完成的長針，3針高度一
致，一次引拔。

2長針的玉針

※「2長針的玉針」
是依相同要領，
鉤織2針長針。

表引短針

1

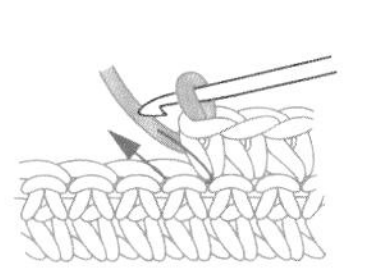

鉤針依箭頭指示橫向穿入，
挑前段的針腳。

2

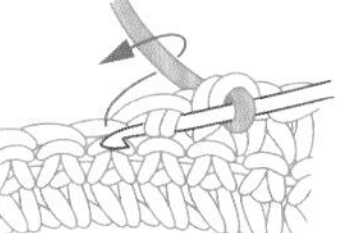

3

鉤針掛線，鉤出比短針稍長的織線。

4

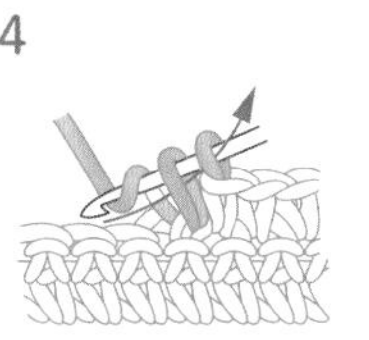

5

依鉤織短針的
相同要領完成針目。

表引長針

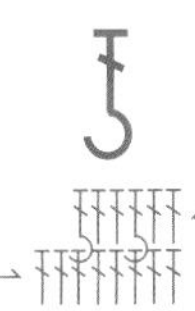

1

鉤針掛線，依箭頭指示
從正面橫向穿入前段的
針腳。

2

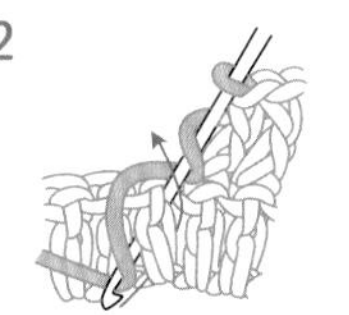

鉤針掛線，鉤出稍長的織線，
這時要避免前段針目或相鄰
針目歪斜。

3

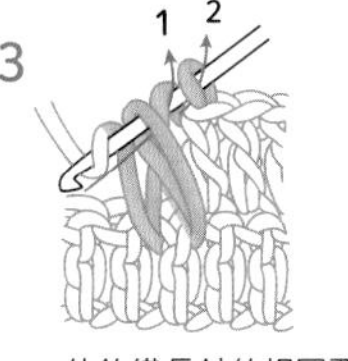

依鉤織長針的相同要領
完成針目。

4

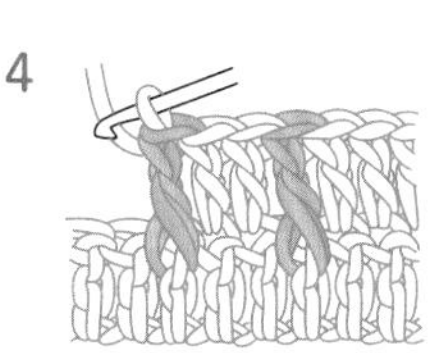

完成。

[渡線方法]

1

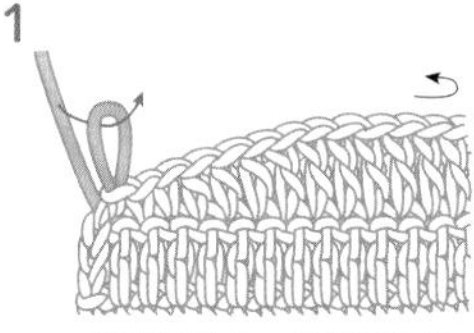

將針目拉大，織線穿入後
收緊，再將織片翻面。

2

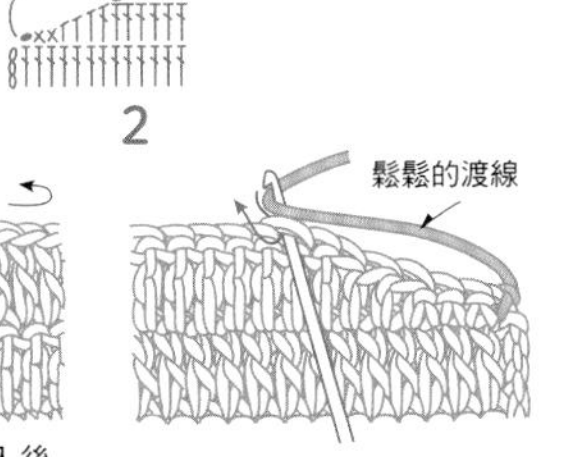

鉤織下一段。

[換色方法]（輪編時）

1 2

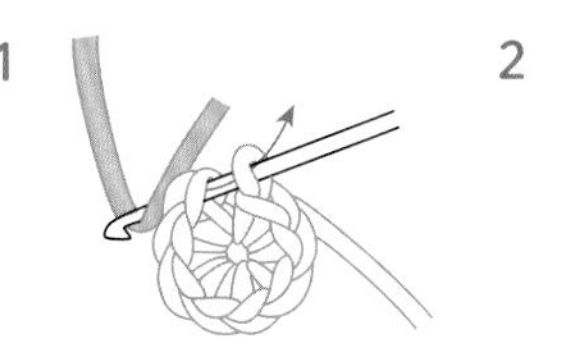

在鉤織最後針目的引拔時，改以新色的織線鉤織。

[捲針縫]

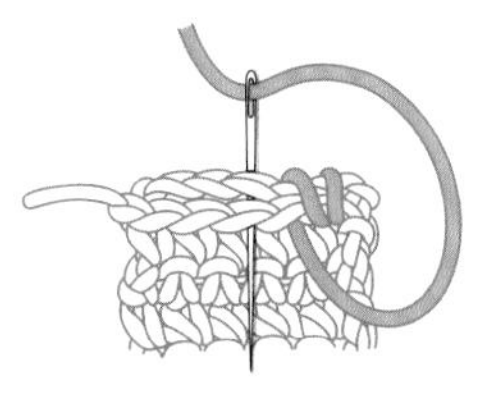

織片對齊疊合，
1針1針地逐一挑縫
短針針頭的2條線。

【Knit・愛鉤織】50

天然素材好安心：
親子時尚的涼夏編織包&帽子小物

作　　者／朝日新聞出版
譯　　者／彭小玲
發 行 人／詹慶和
選 書 人／蔡麗玲
執行編輯／蔡毓玲
編　　輯／劉蕙寧・黃璟安・陳姿伶
執行美編／陳麗娜・周盈汝
美術編輯／韓欣恬
內頁排版／造極
出 版 者／雅書堂文化事業有限公司
發 行 者／雅書堂文化事業有限公司
郵撥帳號／18225950
戶　　名／雅書堂文化事業有限公司
地　　址／新北市板橋區板新路206號3樓
電　　話／（02）8952-4078
傳　　真／（02）8952-4084
電子郵件／elegantbooks@msa.hinet.net

2022年05月二版一刷　2017年04月初版　定價 380元

HAJIMETE DEMO AMERU ECO ANDARIA NO BOSHI TO BAG
Copyright © 2015 Asahi Shimbun Publications Inc.
All rights reserved.
Original Japanese edition published by Asahi Shimbun Publications Inc.
This Traditional Chinese language edition is published by arrangement with Asahi Shimbun Publications Inc., Tokyo in care of Tuttle-Mori Agency, Inc., Tokyo through Keio Cultural Enterprise Co., Ltd., New Taipei City

經銷／易可數位行銷股份有限公司
地址／新北市新店區寶橋路235巷6弄3號5樓
電話／（02）8911-0825
傳真／（02）8911-0801

版權所有・翻印必究
（未經同意，不得將本著作物之任何內容以任何形式使用刊載）
本書如有破損缺頁請寄回本公司更換

《攝影協力》
AWABEES　TEL.03-5786-1600
UTSUWA　TEL.03-6447-0070

《線材＆材料》
Hamanaka 株式會社
京都本社　〒616-8585　京都市右京區花園藪ノ下町 2 番地之 3
東京支店　〒103-0007　東京都中央區日本橋浜町 1 丁目 11 番 10 號
http://www.hamanaka.co.jp
因印刷之故，作品與實際上的顏色多少會有些許差異。

國家圖書館出版品預行編目資料

天然素材好安心：親子時尚的涼夏編織包&帽子小物/朝日新聞出版編著；彭小玲譯. -- 二版. -- 新北市：雅書堂文化事業有限公司, 2022.05
面；　公分. -- (愛鉤織；50)
ISBN 978-986-302-622-8(平裝)
1.CST: 編織 2.CST: 手工藝

426.4　　111004411

作品設計／今村曜子　岡 まり子　城戶珠美　すぎやまとも　橋本真由子　松本かおる　Ronique　Hamanaka企劃
書籍設計／堀江京子（netz.inc）
攝　　影／下村しのぶ（封面・彩頁）
　　　　　中辻 涉（步驟・作品去背照）
視覺陳設／石井佳苗
髮妝造型／海沢優子
模 特 兒／野田珠実　オレリア
編　　輯／永谷千絵（Little Bird）
主　　編／朝日新聞出版　生活・文化編輯部（森 香織）

NATURAL CROCHET OF ECO ANDARIA

NATURAL CROCHET OF ECO ANDARIA

NATURAL CROCHET OF ECO ANDARIA

NATURAL CROCHET OF ECO ANDARIA